Ps

Photoshop CC 中文版

从入门到精通

第3版

黄有望 等编著

机械工业出版社
CHINA MACHINE PRESS

前 言

目　录

Photoshop 概述

Adobe Photoshop CC 2019 是一款使用广泛的图像处理软件，是目前在图像编辑方面最专业和全面的软件之一。本章将对使用 Photoshop 进行图像处理的基本概念进行讲解，使大家对该软件有一个全面的了解。

01

第 1 章

主要内容

- Photoshop 的应用领域
- Photoshop 的工作界面
- Photoshop 工具箱的应用
- Photoshop 面板的应用

知识点播

- 调整工具箱位置和显示
- 调整面板位置和显示
- 自定义工作区

1.1 Photoshop CC 2019的应用领域

　　Photoshop是非常强大的位图处理软件，其应用领域很广泛，涉及图像、图形、文字、视频、摄影、出版等各个领域，多用于平面设计、艺术文字设计、广告摄影、网页制作、照片后期处理、图像合成、图像绘制等方面的操作。Photoshop的专长在于图像的处理，而不是图形的创作，在了解Photoshop的基础知识时，有必要区分这两方面的概念。

▶ 平面设计

　　平面设计是Photoshop应用最为广泛的领域，无论是一本杂志封面，还是商场里的招贴、海报，都是具有丰富图像的平面印刷品，这些基本都需要使用Photoshop软件对图像进行处理。

▶ 照片处理

　　Photoshop具有强大的图像修饰功能。利用这些功能，不仅可以快速修复一张破损的老照片，也可以修复人脸上的斑点等缺陷。

原图　　　　　　　　　　　　　　　　　　　　　　　修复之后

▶ **插画设计**

插画是现在比较流行的一种绘画风格，也是大家所喜爱的一种绘画效果。这种现实中添加了虚拟的意象，给人一种特殊的质感，更为单纯的手绘画添加了几分生气与艺术感。

▶ **3D效果制作**

Photoshop平面图形处理软件并非是为3D创作的，得益于Photoshop Extended，现在使用Photoshop处理3D对象越来越流行了，其制作简单、快捷，而且效果非常逼真。

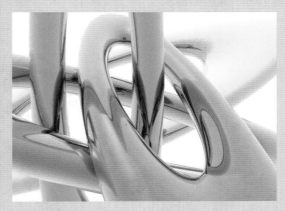

▶ **UI设计**

网络和游戏的普及是促使更多人需要掌握Photoshop的一个重要原因。因为在制作各类界面时，Photoshop是必不可少的图像处理软件。

1.2 Photoshop的操作界面

运行Photoshop以后，可以看到用来进行图形操作的各种工具、菜单以及面板的默认操作界面。在本节中，我们将对Photoshop CC 2019操作界面的所有构成要素进行学习，包括工具、菜单和面板等。

1.2.1 Photoshop的工作界面

Photoshop的界面主要由工具箱、菜单栏、面板和图像窗口（即编辑区）等组成。熟练掌握各组成部分的基本名称和功能，是自如地对图形图像进行操作的基本要求。

Photoshop的操作界面

❶ 菜单栏

菜单栏由多种分类菜单组成，在菜单列表中单击有▶符号的菜单选项，就会弹出下级菜单。

文件下拉菜单

❷ 选项栏

在选项栏中，用户可设置在工具箱中选择工具的参数选项。根据所选工具的不同，所提供的选项也有所区别，下图为污点修复画笔工具的选项栏。

污点修复画笔工具的选项栏

③ 工作区切换器

用户可以使用工作区切换器中的功能按钮，快速切换到所需的工作面板中，如：基本功能、3D、动感，绘画、摄影等面板。切换后，界面会按照用户设定的工作需要进行面板调整（显示出该工作类型常用的相关功能）。下左图为切换到"绘画"面板的效果，下右图为切换到"摄影"面板的效果。

切换到"绘画"面板

切换到"摄影"面板

④ 工具箱

工具箱由各类工具组成，如果工具按钮右下角有◢符号，就说明该工具有隐藏工具，按住该按钮不放就会弹出隐藏工具选项。

魔棒工具组

⑤ 状态栏

状态栏位于图像下端，显示当前编辑图像文件的大小，以及图片的各种信息说明。

状态栏

⑥ 图像窗口

图像窗口用于显示Photoshop中导入图像的效果。在图像窗口左上角的标题栏中显示了文件名称、文件格式、缩放比例以及颜色模式。

图像窗口

⑦ 面板

为了更方便地使用软件的各项功能，Photoshop将图像操作的常用功能汇总后，以面板的形式提供给用户。

导航器面板

1.2.2　Photoshop的工具箱

启动 Photoshop 时，工具箱将显示在屏幕左侧。选择工具箱中的某些工具会在选项栏中显示相应的属性设置选项。通过这些工具，您可以输入文字，选择、绘制、编辑、移动、注释和查看图像，或对图像进行取样。还可以更改前景色/背景色、转到 Adobe Online，以及在不同的模式中工作。工具图标右下角的小三角形表示存在隐藏工具，可以展开某些工具以查看它们后面的隐藏工具。将光标放在工具上，便可以查看有关该工具的信息，工具的名称将出现在指针下面的工具提示中。

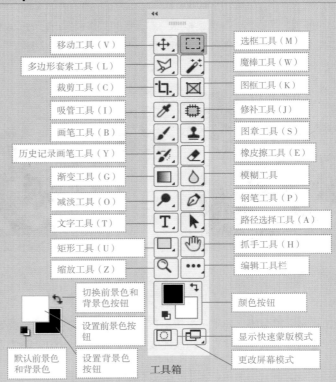

工具箱

1.2.3　Photoshop的隐藏工具

在Photoshop CC 2019中，单击工具箱中的一个工具即可选择该工具。若工具右下角带有三角形图标，表示这是一个工具组，在这样的工具上按住鼠标左键可以显示隐藏的工具；将光标移动到隐藏的工具上然后放开鼠标，即可选择该工具。

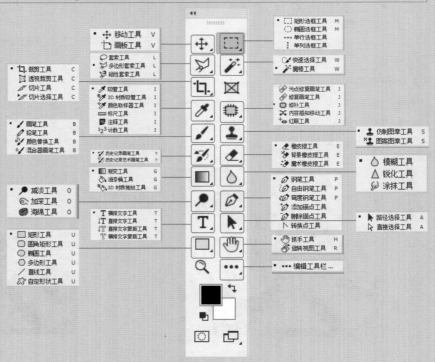

工具箱中隐藏的工具组

工具	说明	工具	说明
□ 矩形选框工具　M ○ 椭圆选框工具　M ··· 单行选框工具 ⫶ 单列选框工具	用于指定矩形、椭圆单行或单列选区	○ 套索工具　L ▷ 多边形套索工具　L ▷ 磁性套索工具　L	多用于指定曲线、多边形或不规则形态的选区
⊦ 裁剪工具　C ⊡ 透视裁剪工具　C ⌿ 切片工具　C ⌿ 切片选择工具　C	在制作网页时，用于裁剪/切割图像	◈ 污点修复画笔工具　J ◈ 修复画笔工具　J ◈ 修补工具　J ✕ 内容感知移动工具　J ✛ 红眼工具　J	用于复原图像或消除红眼现象
▲ 仿制图章工具　S ✖ 图案图章工具　S	用于复制特定图像，并将其粘贴到其他位置	◇ 橡皮擦工具　E ◈ 背景橡皮擦工具　E ◈ 魔术橡皮擦工具　E	用于擦除图像或用指定的颜色删除图像
◊ 模糊工具 △ 锐化工具 ◈ 涂抹工具	用于模糊处理或鲜明处理图像	◇ 钢笔工具　P ◈ 自由钢笔工具　P ◈ 弯度钢笔工具　P ◈ 添加锚点工具 ◈ 删除锚点工具 ⌐ 转换点工具	用于绘制、修改或对矢量路径进行变形
▶ 路径选择工具　A ▷ 直接选择工具　A	用于选择或移动路径和形状	✛ 移动工具　V ⊡ 画板工具　V	用于移动目标对象或创建画板
◈ 抓手工具　H ◈ 旋转视图工具　R	用于拖动或旋转图像	◈ 快速选择工具　W ◈ 魔棒工具　W	用于快速选择颜色相近并且相邻的区域
◈ 吸管工具　I ◈ 3D 材质吸管工具　I ◈ 颜色取样器工具　I ▭ 标尺工具　I ▣ 注释工具　I 1₂³ 计数工具　I	用于去除色样或者度量图像的角度与长度，并可插入文本	◈ 画笔工具　B ◈ 铅笔工具　B ◈ 颜色替换工具　B ◈ 混合器画笔工具　B	用于表现毛笔或铅笔等效果
◈ 历史记录画笔工具　Y ◈ 历史记录艺术画笔工具　Y	用于记录画笔的绘画样式、大小、风格等	▣ 渐变工具　G ◈ 油漆桶工具　G ◈ 3D 材质拖放工具　G	用特定的颜色或者渐变进行填充
◈ 减淡工具　O ◈ 加深工具　O ◈ 海绵工具　O	用于调整图像的亮度等	T 横排文字工具　T IT 直排文字工具　T ⫶T 直排文字蒙版工具　T T 横排文字蒙版工具　T	用于横向或纵向输入文字或文字蒙版
□ 矩形工具　U ◻ 圆角矩形工具　U ○ 椭圆工具　U ⬡ 多边形工具　U ╱ 直线工具　U ⚙ 自定形状工具　U	用于指定矩形或椭圆等选区	■ ··· 编辑工具栏 ···	用于编辑工具栏的布局

1.2.4 Photoshop的面板

在Photoshop的面板中汇集了图像编辑操作常用的选项或功能。在编辑图像时，选择工具箱中的工具或者执行菜单栏上的命令以后，可以使用面板进一步细致调整各项参数，也可以将面板中的功能应用到图像上。Photoshop中根据各种功能的分类提供了如下面板。

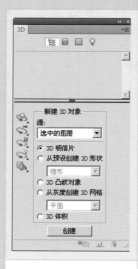

3D面板：可以为图像制作出立体空间的效果

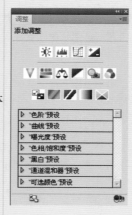

"调整"面板：在该面板对图像进行破坏性的调整

"导航器"面板：通过放大或缩小图像来查找指定区域。利用视图框便于搜索大图像

"测量记录"面板：可以为记录中的列重新排序、为列中的数据排序、删除行或列，或者将记录中的数据导出到逗号分隔的文本文件中

"段落"面板：利用该面板可以设置与文本段落相关的选项，例如调整行间距、增加缩进或减少缩进等

"动作"面板：利用该面板可以一次完成多个操作过程。记录操作顺序后，在其他图像上可以一次性应用整个过程

"仿制源"面板：具有用于仿制图章工具或修复画笔工具的选项。在该面板中，您可以设置五个不同的样本源并快速选择所需的样本源，而不用在每次需要更改为不同的样本源时重新取样

"字符"面板：该面板用于在编辑或修改文本时提供相关的功能，可设置的主要选项有文字大小、间距、颜色以及行间距等

（续）

"动画"面板：利用该面板可以进行动作方面的操作

"路径"面板：用于将选区转换为路径，或者将路径转换为选区。利用该面板可以应用各种路径相关功能

"历史记录"面板：该面板用于恢复操作过程，将图像操作过程按顺序记录下来

"工具预设"面板：在该面板中可保存常用的工具。可以将相同工具保存为不同的设置，从而提高图像处理操作效率

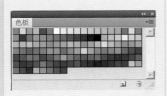

"色板"面板：该面板用于保存常用的颜色。单击相应的色块，该颜色就会被指定为前景色

"通道"面板：该面板用于管理颜色信息或者利用通道指定选区。该面板主要用于创建Alpha通道及有效管理颜色通道

"图层"面板：在合成若干个图像时使用该面板。"图层"面板提供了图层的创建和删除功能，并且可以设置图像的不透明度和图层蒙版等功能

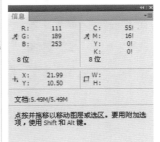

"信息"面板：该面板以数值形式显示图像信息。将光标移动到图像上，就会在该面板中显示图像颜色相关的信息

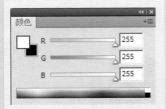

"颜色"面板：用于设置背景色和前景色。颜色可通过拖动滑块调整，也可以通过输入相应颜色值指定

"样式"面板：该面板用于制作立体图标。只要在样式列表框中单击选择所需样式选项，即可制作出一个特效的图像

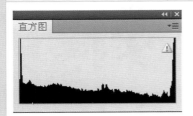

"直方图"面板：在该面板中可以看到图像所有色调的分布情况。图像的颜色主要分为最亮的区域（高光）、中间区域（中间色调）和暗淡区域（暗调）3个部分

1.2.5 实例精讲：调整工具箱和面板

在Photoshop中，我们可以随意移动工具箱和面板的位置，也可以根据需要调整面板的大小。将面板移动到不妨碍操作的位置，或者隐藏面板都是基础的功能。

1. 移动工具箱和面板

01 在Photoshop中打开一幅图片后，可根据操作者的工作需要调整工具箱的位置。即按住工具箱上方的标签并拖动，可将工具箱拖动到任意位置。

02 同样，按住面板的标签并拖动，也可以将面板移动到其他位置。右图是面板的移动过程。拖动过程中面板透明显示，当将其移动到合适位置松开鼠标后，则正常显示。

2. 恢复工具箱和面板的原位置

要把工具箱和面板重新放回到原位置，可选择菜单栏中的"窗口>工作区>基本复位功能"命令。从右图中可以看到，工具箱和面板恢复了初始位置。

3. 将工具箱分成两列显示

在操作过程中，如果习惯将工具箱分成两列显示，只需单击工具箱左上角的 按钮即可。

4. 关闭不需要的面板

如果要隐藏不必要的面板，只需单击面板右上角的设置按钮，在打开的下拉列表中选择"关闭"选项即可。

5. 打开所需面板

隐藏不必要的面板，使界面中只显示部分面板，可扩大操作区域，提高工作效率。若想再打开面板，则在"窗口"菜单中选择相应的面板名称。例如，要想再次打开"段落"面板，则在菜单栏中选择"窗口>段落"命令。

6. 调整面板大小

01 要调整"段落"面板的大小，则按住"段落"面板的标签，并将其移动到画面的右边。

02 将光标移动到面板的边缘，当鼠标指针变为 形状时，按住鼠标左键并拖动即可。

1.3 熟悉图像的基础操作

在Photoshop中，我们可以灵活地对图像进行各种操作，最终达到想要的完美效果。掌握图像的基础操作是实现各种效果的前提，一般包括文件的置入、画布的调整、图像的旋转等，本小节主要讲解Photoshop中对图像进行基础操作的相关内容。

1.3.1 实例精讲：文件打开与窗口操作

要在Photoshop中编辑一个图像文件，如图片素材、照片等，需要先将其打开。文件的打开方法有很多种，可以使用命令打开、通过快捷方式打开，也可以用Adobe Bridge打开。当图像打开后，我们还可以在软件界面窗口中执行最小化或移动操作。

1. 打开文件

01 运行Photoshop后，在菜单栏中执行"文件>打开"命令，快捷键为Ctrl+O。

02 弹出"打开"对话框，在指定文件夹中选择所需图像文件，单击"打开"按钮。

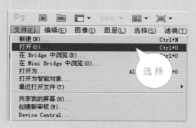

2. 移动并最小化图像窗口

01 打开图像文件后，如果想将图像移动到指定位置，则单击图像窗口的标题栏并拖动。

02 如果想暂时隐藏图像，则单击图像窗口右上方的"最小化"按钮。

Photoshop 精通

案例：通过鼠标滚轮调整视图

使用Photoshop时，滚轮这个鼠标键实际上并不常用，但一个滚轮加上相应的功能键却可以非常方便地实现视图的缩放、平移、纵移以及数值调整等功能。

01 缩放视图：按住Alt+鼠标滚轮组合键，可实现对画布的任意比例缩放，滚动时以光标所在位置为参照中心进行缩放。

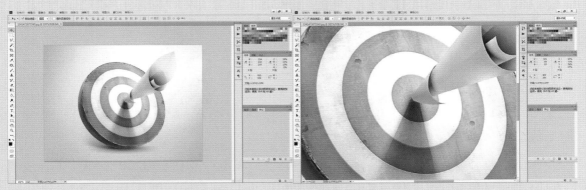

02 等比例缩放画布：按住Alt+Shift+鼠标滚轮组合键可以等比例缩放画布，滚动时以光标所在位置为参照中心进行缩放。该方法能够完美地替代使用Ctrl++、Ctrl+-组合键进行缩放。

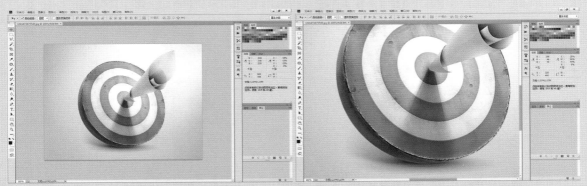

03 移动视图：视图在超过一屏的情况下（或者在全屏下）直接滚动鼠标滚轮，可实现视图的纵向移动，每滚一小格是一个屏幕像素；按住Ctrl+鼠标滚轮组合键可实现横向移动，也是每格一屏幕像素。在上面方法的基础上再加上Shift键可实现加速移动，每滚一小格就是一个屏幕。若想要放大到很大的倍数，加上Shift键还是十分方便的。通过熟练应用这些方法，可以起到事半功倍的作用。

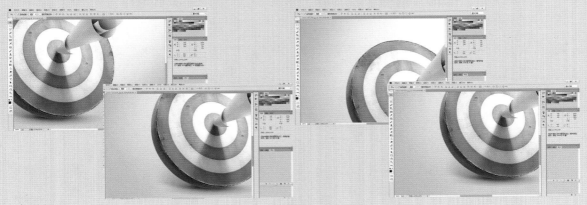

案例：更换画布颜色

若图片在默认画布背景下显示效果不理想，我们可以在Photoshop中将画布颜色更换成自己需要的颜色。

01 先设置一个前景色，然后选择油漆桶工具，按住Shift键的同时单击画布边缘，即可设置画布底色为当前选择的前景色。

02 如果要还原到默认的颜色，则设置前景色为25%灰度 (R192、G192、B192)，然后再次按住Shift键的同时单击画布边缘。

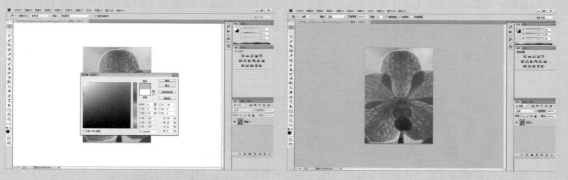

案例：快速打开文件

在Photoshop CC 2019中，要对图像进行编辑，首先要打开文件，除了执行"文件>打开"命令外，还有一种更快速的方法。

双击Photoshop的背景空白处（默认为灰色显示区域），即可打开选择文件的"打开"对话框，双击要打开的图片文件，即可将其打开。

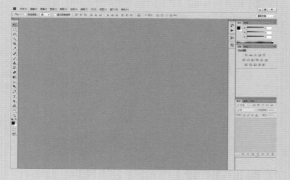 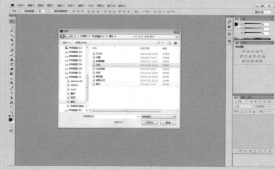

1.3.2　实例精讲：创建新文件

我们在Photoshop中不仅可以编辑一个现有的图像，也可以创建一个全新的空白文件，在上面进行绘画，或者将其他图像拖入其中，然后进行编辑，完成编辑后再进行保存。

1. 创建新文件

01 执行"文件＞新建"菜单命令，快捷键为Ctrl+N。

02 在弹出的"新建"对话框中可以设置新文件的大小。

03 新建文件的名称保留默认的"未标题–1"，然后将文件的大小设为宽900、高700，单位为像素，单击"确定"按钮。

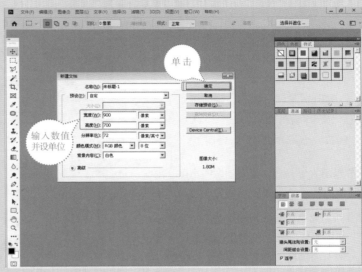

2. 确认文件窗口

画面上弹出了新的图像窗口。新文件的大小为宽900像素、高700像素，白色区域就是操作区域。

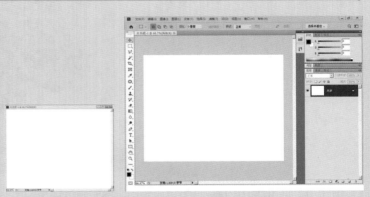

3. 选择文件大小

01 我们也可以选择Photoshop预设的图像大小，制作出大小各异的文件窗口。则首先执行"文件＞新建"菜单命令，弹出"新建"对话框。

02 单击"预设"右侧的下拉按钮▼，在下拉列表框中选择"国际标准纸张"选项。或者选择A3选项，即可创建固定大小的空白新文档。

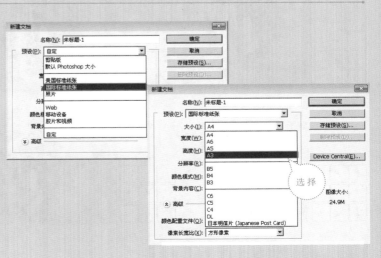

1.3.3 画布的调整

在进行绘图处理时，有时候会因为素材的尺寸关系，需要对画布的大小进行调整。例如，当素材的宽度或高度超出图像窗口的显示范围时，可以通过增加画布的尺寸将图像完全显示；当只需要图像中的局部时，可以通过裁剪图像来缩小画布。在Photoshop CC 2019中，我们可以通过以下方法对画布进行调整。

1. 使用"画布大小"命令： 使用"画布大小"命令可以对画布的尺寸大小进行精确设置。

打开需要调整画布大小的图像，执行"图像>画布大小"命令，在打开的"画布大小"对话框中进行调整。

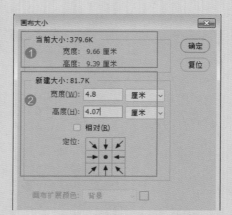

❶ 当前大小：显示当前图像的宽度、高度以及文件容量。

❷ 新建大小：输入新调整图像的宽度、高度。原图像的位置是通过选择（定位）项的基准点进行设置的。例如，单击左上端的锚点，原图像就会位于左上端，其他则显示被扩大的区域。

2. 使用"裁剪工具"： 裁剪工具是在调整画布大小时经常使用的一种方法，使用该工具可以将图像中不需要的部分裁切掉。

Photoshop 精通 Photoshop 的配置技巧（一）

至此，虽然我们已经掌握了使用Photoshop进行图像处理的基础操作，但是想充分发挥它的潜能，还必须掌握一些实用的技巧。下面我们将介绍如何通过Photoshop的各种自定义设置来让软件适应我们的使用偏好。

● 执行"编辑>首选项>文件处理"命令，可以对显示在"近期文件列表包含（R）"子菜单中最近打开的文件数目进行设置。Photoshop会秘密地对最近的30个文件保持追踪记录，但它不会理会你所指定的编号：只会显示出指定的几个条目。我们可以增加显示最近使用的文件数，这样就能够方便迅速地查看之前的文件。

● Photoshop要求一个暂存磁盘，它的大小至少是打算处理的最大图像大小的三到五倍——不管你的内存究竟有多大。

例如，如果打算对一个5MB大小的图像进行处理，至少需要有15MB到25MB可用的硬盘空间和内存大小。

● 如果您没有分派足够的暂存磁盘空间，Photoshop的性能则会受到影响。通常，Photoshop所占用的内存受到可用暂存磁盘空间的限制。因此，如果有1GB大小的内存，并指示Photoshop能够使用其中的75%，就仅有200MB能够用作设计时的暂存磁盘，那么大多数情况下，Photoshop就会使用这200MB。

注意：要获得Photoshop的最佳性能，我们可以执行"编辑>首选项>性能>内存使用情况"命令，将物理内存占用的最大数量值设置在50%～75%之间。

我们不应将Photoshop的暂存磁盘（执行"编辑>首选项>性能>暂存盘"命令）与操作系统设置在同一个分区，因为这样做会使Photoshop与操作系统争夺可用的资源，从而导致计算机整体性能的下降。

● 在打开Photoshop时按下Ctrl和Alt键，可以在Photoshop载入之前改变它的暂存磁盘。

● 通常选择一个历史记录接着对图像进行更改时，所有活动记录下的记录都会被删除，或者更准确地说，是被当前的记录所替代。如果在"历史记录"面板中选择"历史记录选项"选项，在打开的对话框中勾选"允许非线性历史记录"复选框，就可以选择一个记录，对图像做出更改，接着所做的更改就会被附加到"历史纪录"面板的底部，而不是将所有活动记录下的记录都进行替换。您甚至可以在不失去任何在其下方记录的情况下删除一个记录。

注意：在历史纪录之间的水平线颜色指示了它们的线性关系。用白色进行分割表示线性历史纪录，而黑色则表示非线性历史记录。

一个非线性历史记录不仅非常占用内存，也不太常用。

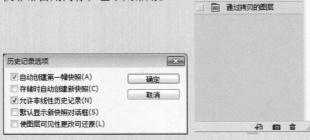

● 使用"编辑>首选项>文件处理"面板中的"图像预览"选项，可以保存自定义的图标，并预览
Photoshop文档的图像。

　　"总是存储"：将自定义图标或是图像预览（在Photoshop"图像"页卡中的图像"属性"对话框内）保
存到图像中。

　　注意：启用图像预览功能，通常会将文件大小增加大约2KB。

　　"存储时询问"：能够让您在"存储为"对话框中启用"缩略图"复选框。

　　注意：这个选项并不是真正会在保存时询问；它仅仅是当您保存图像时让"缩略图"复选框可用。

　　"总不存储"：用于禁用图像预览及自定义图标功能。这个选项同时也会使"存储为"对话框中的"缩
略图"复选框不可用。

　　小贴士：我们可以通过在Photoshop图像的"属性"对话框的"图像"标签页中，"生成缩略图"选项来
触发生成图像预览。

工具的基本使用

02

第2章

Adobe Photoshop CC 2019 的工具种类繁多，本章将介绍进行图像处理时几种典型工具的应用，以点概面来讲解工具的基本使用方法。

主要内容

- 选择工具的应用
- 矩形工具和磁性套索工具的应用
- 填充工具的应用
- 油漆桶工具和渐变工具的应用

知识点播

- 设置选项栏
- 使用选择工具
- 使用填充工具

2.1 熟练掌握选择工具

打开Photoshop后，我们最常用的便是选择工具了。只有在Photoshop中对图像进行选择，才能应用Photoshop的编辑功能。下面我们来学习选择图像工具的使用方法和对选定的区域进行简单编辑的相关操作。

2.1.1 Photoshop的选择工具

如果我们要对图片进行操作，首先必须对图片进行选择，只有选择了合适的操作范围，对选择的区域进行编辑，才能达到想要的结果。接下来，简单学习Photoshop选择工具的应用。

选框工具: 用于设置矩形或圆形选区	▪ □ 矩形选框工具 M ○ 椭圆选框工具 M ⇒ 单行选框工具 ⁞ 单列选框工具	矩形选择工具: 快捷键为M 椭圆选框工具: 快捷键为M
套索工具: 用于设置曲线、多边形或不规则形态的选区	♀ 套索工具 L ▷ 多边形套索工具 L ⅛ 磁性套索工具 L	套索工具: 快捷键为L 多边形套索工具: 快捷键为L 磁性套索工具: 快捷键为L
移动工具: 用于移动设置为选区的部分	▶⊕	移动工具: 快捷键为V
魔棒工具: 用于将颜色值相近的区域指定为选区	⊙ 快速选择工具 W ✦ 魔棒工具 W	快速选择工具: 快捷键为W 魔棒工具: 快捷键为W
裁剪工具: 用于设置图像中的选定区域并对其进行裁剪	⌗ 裁剪工具 C ⊞ 透视裁剪工具 C ✐ 切片工具 C ⊵ 切片选择工具 C	裁剪工具: 快捷键为C 透视裁剪工具: 快捷键为C 切片工具: 快捷键为C 切片选择工具: 快捷键为C

在Photoshop中，快速选择工具能够非常快捷且更准确地从背景中抠出主体元素，从而创建逼真的复合图像。快速选择工具常与"调整边缘"命令配合使用，来对复杂的人像背景进行选择，以得到完美的无背景人像。下左图为原图像效果，下右图为抠取后的图像效果。

原图

抠取后的图像效果

2.1.2 矩形选框工具的选项栏

在工具箱中选择矩形选框工具，软件界面上端将显示下图所示的选项栏。在矩形选框工具的选项栏中，我们可以设置选框的羽化值、样式以及形态等参数。

❶ 羽化

该选项用来设置选框的羽化值，以便柔和地表现选区的边框。羽化值越大，选区边角越圆。右图分别为羽化值为0、50、100的效果。

羽化: 0　　　　　羽化: 50　　　　　羽化: 100

❷ 样式

在"样式"下拉列表中包含3个选项，分别为"正常""固定比例"和"固定大小"。

正常：随鼠标的拖动轨迹指定矩形选区。

固定比例：指定宽高比例一定的矩形选区。例如，将"宽度"和"高度"值分别设置为3和1，然后拖动鼠标，即可制作出宽高比为3:1的矩形选区。

固定大小：输入宽度和高度值后，拖动鼠标可以绘制指定大小的选区。例如，将"宽度"和"高度"值均设置为3厘米以后，拖动鼠标就可以制作出宽和高均为3厘米的矩形选区。

2.1.3 实例精讲：利用磁性套索工具创建选区

要点：磁性套索工具可轻松地绘制出外边框很复杂的图像选区。磁性套索工具就像铁被磁石吸附一样，紧紧地吸附着图像的边缘，只要沿着图像的外边框形态拖动鼠标，便可以自动建立选区。磁性套索工具主要用于指定色差较明显的图像选区。下面范例中，我们将使用磁性套索工具建立选区，并对选区进行自由变换。

1. 选择磁性套索工具

01 执行"文件>打开"菜单命令（Ctrl+O），打开"2-1.jpg"素材文件。

02 在工具箱中选择套索工具，在弹出的隐藏工具中选择磁性套索工具。

2. 利用磁性套索工具指定选区

01 利用磁性套索工具单击起始点后，沿着人物的轮廓向右拖动鼠标。

02 在人物的轮廓上将自动生成锚点，同时形成选区。

03 沿着人物的轮廓拖动鼠标，一直到起始点处，将光标放置在起始点上，单击起始点位置。

2.1.4　实例精讲：利用多边形套索工具创建选区并更改颜色

要点：选择多边形套索工具后，可以通过拖动鼠标，指定直线形的多边形选区，它不像磁性套索工具那样可以紧紧地依附在图像的边缘来制作选区，但是我们只要轻轻拖动鼠标，便可以绘制出多边形选区。下面，我们将介绍如何使用多边形套索工具选择人物的服装，并改变其颜色。

1. 选择多边形套索工具

01 执行"文件>打开"菜单命令（Ctrl+O），打开"2-2.jpg"素材文件。

02 右键单击工具箱中的套索工具按钮，在弹出的隐藏菜单中选择多边形套索工具，在画面中围绕需要选择的区域连续单击创建选区。

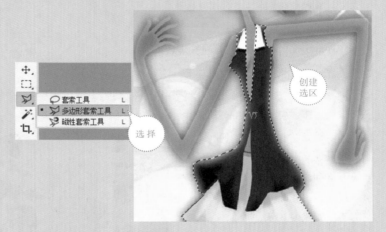

2. 利用"色相/饱和度"命令调整色调

01 执行"图像>调整>色相/饱和度"菜单命令（Ctrl+U），打开"色相/饱和度"对话框，设置相关参数，然后单击"确定"按钮。

02 然后按下快捷键Ctrl+D取消选区，查看更改服装颜色后的效果。

2.1.5 实例精讲：编辑复杂选区

将选择的区域指定为选区时，还可以执行添加选区、删除选区或者与选区保留共同的区域操作。在工具箱中选择矩形选框工具时，软件界面上端显示该工具的选项栏，其中提供了用于计算选区的功能。

❶ 新选区▢：选择选框工具，建立选区。

❷ 添加到选区▢：在基本选区上添加选区时使用，按住Shift键利用选框工具进行操作也可添加选区。

01 执行"文件>打开"菜单命令（Ctrl+O），导入素材文件。

02 单击"添加到选区"按钮▢，使用椭圆选框工具建立选区。

03 利用矩形选框工具添加选区后，得到添加选区后的效果。右图分别为建立选区、添加矩形选区和添加选区后的效果。

建立选区　　　　　　添加矩形选区　　　　　　添加选区后

❸ 从选区减去▢：在原选区内删除指定区域。按住Alt键并利用选框工具也可删除选区。

01 单击"从选区中减去"按钮▢，然后使用椭圆选框工具建立选区。

02 利用矩形选框工具指定想要删除的矩形选区。

03 右图分别为建立选区、利用矩形选框工具删除选区以及删除选区后的效果。

建立选区　　　　　　删除矩形选区　　　　　　删除选区后

❹ 与选区交叉▢：在原选区和新指定的选区内选择相交部分作为选区，按住Alt+Shift快捷键状态下利用"与选区交叉"按钮，可以选择两个选区的共同区域。

01 单击"与选区交叉"按钮▢，然后使用矩形选框工具建立选区。

02 利用椭圆选框工具，指定想要交叉的选区。

03 右图分别为建立选区、利用椭圆选框工具交叉选择以及得到的交叉选区效果。

建立选区　　　　　　交叉选区　　　　　　最终选区

2.2 用于填充的颜色工具

　　如果需要修饰选区内的图像，或者简单的图像和背景合成，都可以使用颜色填充工具进行操作。只需要设置填充的颜色或者图案，然后鼠标单击指定区域，就可以制作出美美的照片。下面来学习填充颜色和粘贴图案的方法。

　　只要掌握了渐变工具和油漆桶工具的使用技巧，便可以对图像的颜色进行丰富地变化。下面我们来学习这两种工具在填充颜色时的使用方法。

渐变工具: 将简单的颜色填充为具有过渡的渐变色效果 **油漆桶工具:** 可以填充特定的颜色和图案，从而表现合成效果	▪ ▢ 渐变工具　　　G ⬧ 油漆桶工具　　　G	**渐变工具:** 快捷键为G **油漆桶工具:** 快捷键为G

油漆桶工具: 能够将需要的颜色和图像，作为图案，进行填充。

渐变工具: 能够通过丰富的色带颜色，应用渐变填充。

2.2.1 实例精讲：使用油漆桶工具为图像填充背景图案

要点： 使用油漆桶工具，可以轻松地将选择的区域转换为其他颜色或选定的图案图像。在下面的范例中，我们将使用油漆桶工具，将简单单一的白色背景变为选择的图案图像。

1. 选择魔棒工具

01 执行 "文件>打开"菜单命令（Ctrl+O），打开2-6.jpg素材文件。然后在工具箱中选择魔棒工具。

02 在选项栏中设置"容差"值为32，在画面上单击创建选区。

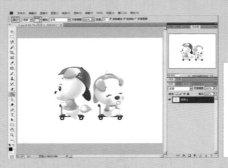

2. 设置图案选区

01 执行 "文件>打开"菜单命令，打开2-7.jpg素材文件。执行"选择>全部"菜单命令，将整个图像设置为选区。

02 执行"编辑>定义图案"菜单命令。弹出"图案名称"对话框，设置图案名称为by，然后单击"确定"按钮。

3. 填充图案图像

01 切换到2-6.jpg图像，选择油漆桶工具，在选项栏中将填充设置为图案，然后单击选项栏中图案拾色器下拉按钮，选择保存的by图案。

02 单击人物背景部分，对背景填充图案，效果如右图所示。

> **！提示**
>
> 使用油漆桶工具时，如果想要填充颜色部分，则填充颜色默认为前景色。在颜色变化不强烈的部分，要想快速填充颜色，我们应该选择油漆桶工具进行填充。
>
> 当颜色边线由不同颜色构成时，只能以单击的颜色为基准，在相同的颜色上执行填充颜色操作。

2.2.2 实例精讲：使用渐变工具填充图像的背景颜色

要点：渐变工具的作用主要为阶段性地填充颜色。渐变类型分为线性、径向、角度、对称、菱形等多种形态。在下面的范例中，我们将使用多种渐变工具来填充图像的背景颜色。

1. 将背景部分设置为选区

01 执行主菜单中的"文件>打开"菜单命令（Ctrl+O），打开2-8.jpg素材文件。

02 要为背景部分建立选区，则首先在工具箱中选择魔棒工具。

03 在选项栏中单击"添加到选区"按钮，然后单击背景部分，建立选区。

2. 选择渐变工具

01 按Delete键将选区内的色彩删除。在工具箱中单击选择渐变工具，然后单击属性栏的"线性渐变"按钮，然后单击渐变拾色器下拉按钮。

02 在弹出的渐变样式列表中，选择"铜色渐变"选项。

3. 应用渐变

单击并拖动渐变工具，就会对背景应用线性渐变样式。

Photoshop 的配置技巧（二）

1. Photoshop 自定义设置

● 我们如果想删除不需要的增效工具（.8be）、滤镜（.8bf）、文件格式（.8bi）等等，可以将它们的文件名（或包含它们的文件夹）之前使用一个颚化符号（~）。Photoshop就会自动忽略任何以"~"开头的文件或文件夹。

例如：要禁用"水印"增效工具，只需要将文件夹的名字改成Digimarc。

● 您可以通过对喜欢的应用程序在"Helpers"文件夹中创建快捷键，来自定义"文件>跳转到"以及"文件>在选定浏览器中预览"菜单。

要将喜欢的图像应用程序添加到Photoshop的"文件>跳转到"子菜单中，只需要在"Jump To Graphics Editor"目录下创建一个快捷方式。

要在"ImageReady"的"文件>跳转到"子菜单中创建自己的HTML编辑器，可以在"Jump To HTML Editor"目录下创建一个指向您所需要的应用程序的快捷方式。

要在"文件>在选定浏览器中预览"子菜单中添加喜欢的浏览器，那么就在"Preview In"目录中创建一个快捷方式。

注意：要在相关的菜单中显示所设置的应用程序，需要重新启动Photoshop/ImageReady。

关于"在选定浏览器中预览"的建议：要在"文件>在选定浏览器中预览"子菜单（或者"在选定浏览器中预览"按钮）中选择浏览器，可以将这个浏览器设定为默认Ctrl+Alt+P组合键。这个浏览器很快就会设置生效，并且在下一次启动ImageReady时也会续留。

注意：虽然在"文件>跳转到"子菜单中可以添加其他的图像应用程序，但无法改变它们默认的图像应用程序。ImageReady默认"跳转到"的图像应用程序是Photoshop，而Photoshop默认"跳转到"图像。

2. Photoshop 其他杂项设置

● 要想释放内存，可以执行"编辑>清理 >历史纪录"命令，但这样做就清空所有打开文档的历史纪录。

注意：如果仅需要清理活动文档的历史纪录，那么请按下Alt键并在"历史纪录"面板中选择"清除历史纪录"选项，这样就能够在不改变图像的情况下清除所有的历史纪录。

警告!以上的命令是无法撤销的!

还原(U)
剪贴板(C)
历史记录(H)
全部(A)
视频高速缓存(V)

● 要计算图像文件的大小，可以使用以下等式：

文件大小=分辨率的平方 × 宽 × 高 × 色深/8192(bit/KB)

如果是24位的图像，例如处在屏幕分辨率为72dpi时则使用：文件大小= 宽 × 高 × 3/1024

小贴士：用1024去除KB/MB，就能够以MB来决定文件的大小。

● 要创建网络安全颜色，须确保色彩的R、G和B元素都是十六进制数的33或十进制的51的倍数。以下的值都是可接受的：00 (0)、33 (51)、66 (102)、99 (153)、CC (204)、FF (255)。

● 由于压缩算法是对JPEG和PNG的像素为8的正方形可用，因此如果图像文件能够按8进行切割，它的大小就能够有所缩减。

03

第3章

图层概览

Photoshop 软件中的图层功能是处理图像时的基本功能，也是 Photoshop 中很重要的一部分。图层就像一张张透明纸，每张透明纸上有不同的图像，将这些透明纸重叠起来，就会组成一幅完整的图像，而当我们要对图像的某一部分进行修改时，不会影响到其他透明纸上的图像，也就是说，它们是互相独立的。本章将对图层的初级操作进行介绍。

主要内容

- 图层的应用
- "图层"菜单中命令的应用
- 在"图层"面板中操作

知识点播

- 图层的概念
- "图层"面板
- 栅格化图层

3.1 理解图层的概念

　　使用图层可以同时操作几个不同的图像，对不同的图像进行合成，并从画面中隐藏或删除不需要的图像和图层。使用图层，可以使画面效果统一，获得我们需要的效果。如果不使用图层功能，在创作一个较复杂的图像效果时，假如有一小部分绘制错误，就必须重新绘制。其实只需要修改图像的一小部分即可，但却要连同所有的图像一起重新制作，这样是非常麻烦的。如果使用了图层功能，我们可以事先分别单独创建构成整体图像的各个图层，发生错误时只需要更改不满意的图层图像即可，这样大大减少了不必要的麻烦，缩短了工作时间。打开素材3-1-1.psd文件，我们可以看到图像由4个图层组成。

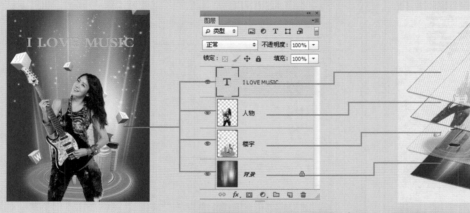

　　各个图层中的对象都可以单独处理，而不会影响其他图层中的内容。图层可以移动，也可以调整堆叠顺序，如右图所示。

　　除"背景"图层外，其他图层都可以调整不透明度，使图像内容变得更加透明，还可设置混合模式，使上下图层之间产生特殊的效果。不透明度和混合模式可以反复调节，而不会损伤图像。

3.2 "图层"菜单

在Photoshop中,图层是图像信息的平台,承载了所有的编辑操作,是图像处理重要的功能。在"图层"菜单中,除了新建、复制、删除等图层的基本功能以外,还包括了可以产生效果的调整图层命令,利用不同的命令可以对图层进行各种编辑,接下来将对"图层"菜单中各命令的功能和应用进行介绍。

3.2.1 "图层"菜单命令详解

"图层"菜单

1. "图层>新建"命令

① 图层:执行该命令,会弹出"新建图层"对话框,可以设置相关参数,从而创建新的透明图层。

② 背景图层:执行该命令,可以将"背景"图层转换为普通图层,或将普通图层转换为"背景"图层。

③ 组:执行该命令,弹出"新建组"对话框,设置相关参数,可创建新的图层组。

④ 从图层建立组:在"图层"面板中选择多个图层,然后才可以执行该命令,将当前选择的图层创建为图层组。

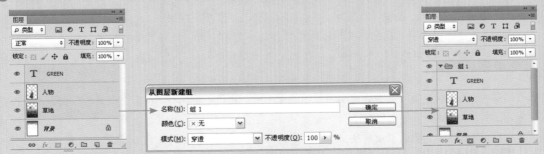

⑤ 通过拷贝的图层:将设置为选区的图像制作成新图层,快捷键为Ctrl+J。

⑥ 通过剪切的图层:将设置为选区的图像从图层中删除,快捷键为Ctrl+Shift+J。

2. "图层>复制图层"命令：执行该命令，会弹出"复制图层"对话框，设置相关参数后，单击"确定"按钮，即可复制当前选中的图层。

3. "图层>删除"命令：对选择的图层或者隐藏的图层进行删除。

❶ 图层：删除选择的图层。执行该命令，会弹出一个询问是否删除的对话框，单击"是"按钮，将该图层删除；单击"否"按钮，将不会删除图层，如图a所示。

❷ 隐藏图层：执行该命令之后，会隐藏当前选中的图层，如图b所示。

图a   图b

4. "图层>图层样式"命令：执行该命令，可以在选择的图层上应用各种效果，达到理想的艺术图像效果。"图层样式"对话框的各种选项如图c所示。

5. 智能滤镜：对智能对象应用了滤镜效果之后，就可启用该命令。执行该命令之后，在弹出的下拉菜单中可以对智能滤镜进行不同的编辑操作，如图d所示。

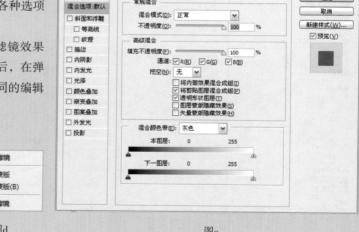

图d   图c

6. "图层>新建填充图层"命令：执行该命令，在其子菜单中可以选择"纯色""渐变"或"图案"选项，为选中的图层填充纯色、渐变以及图案，并且同时可新建一个填充图层。

7. "图层>新建调整图层"命令：执行该命令，在其子菜单中可以选择其中的任意一个命令，创建调整图层，在不损害原有图像的基础上，改变图像的颜色，其效果与执行"图像>调整"子菜单中命令的效果相同。

8. "图层>图层内容选项"命令：应用"新建填充图层"和"新建调整图层"命令后，该命令可以改变图像上应用的效果的选项。

9. "图层>图层蒙版"命令：执行该命令后，会弹一个子菜单，选择该菜单中的命令，可以在选定的图层上进行相关的蒙版操作。

10. "图层>矢量蒙版"命令：执行该命令后，会弹一个子菜单，选择该菜单中的命令，可在选定的图层上进行相关的矢量蒙版操作。

11. **"图层>创建剪贴蒙版"命令：** 执行该命令可以生成剪贴蒙版，其快捷键是Ctrl+Alt+G。

12. **"图层>智能对象"命令：** 执行该命令可以将智能对象理解为一种容器，在其中可以嵌入栅格或矢量图像数据，如另一个Photoshop或Illustrator文件中的图像数据。嵌入的数据将保留其所有原始特性并完全可以编辑。在Photoshop中，我们可以通过转换一个或多个图层来创建智能对象，如图e所示。

13. **"图层>视频图层"命令：** 执行该命令之后，会弹出一个下拉菜单，其中包含了对视频图层进行编辑的各种命令，如图f所示。

图e　　　　　　　　　　图f

14. **"图层>栅格化"命令：** 该命令可以将文字图层或者形状转换为普通的图层属性，如图g所示。

例如，执行"图层>栅格化>文字"命令以后，文字图层变成了普通图层，文字属性消失，如下图所示。

图g

15. **"图层>新建基于图层的切片"命令：** 执行该命令后，将以选定的图层为基准自动分割。

16. **"图层>图层编组"命令：** 执行该命令，可对选中的图层进行图层编组。

17. **"图层>取消图层编组"命令：** 执行该命令，可对编组好的图层取消编组。

18. **"图层>隐藏图层"命令：** 执行该命令，可对选择的图层进行隐藏。

19. **"图层>排列"命令：** 执行该命令，在"图层"面板中，可以将选定图层置为顶层、向前移动一层、向后移动一层或者置为底层，如图h所示。

20. **"图层>合并形状"命令：** 选择两个或两个以上的形状图层之后，就可激活该命令，将选中的形状图层合并，并且可对其中的内容进行添加、减去等编辑，如图i所示。

21. **"图层>对齐"命令：** 执行此命令后，可以将选中的两个或两个以上图层对齐；如果选中的是选区和图层，或者是选区和选区，则该命令会自动变为"将图层与选区对齐"命令，将选定的图层与选区对齐，如图j所示。

22. **"图层>分布"命令：** 执行该命令，可调整图层之间的间隔，如图k所示。

图h   图i   图j   图k

23. **"图层>锁定图层"命令**：执行该命令，可以使链接图层不移动，或者保护图层的图像。

24. **"图层>链接图层"命令**：选择"链接图层"命令以后，可将两个或者多个图层链接在一起，从而使我们在移动其中的一个图层时，其他被链接在一起图层中的图像也随之一起移动。

25. **"图层>选择链接图层"命令**：执行"选择链接图层"命令，可以选择已经存在链接的图层，使其处于选中状态。

26. **"图层>合并图层"命令**：将选定的图层与下一级图层进行合并，其快捷键为Ctrl+E。

27. **"图层>合并可见图层"命令**："图层"面板上显示眼睛图标👁的图层进行合并，其快捷键为Ctrl+Shift+E。

28. **"图层>拼合图像"命令**：将"图层"面板上的所有图层合并为一个图层，即合并为背景图层。

执行"合并图层"命令或按快捷键Ctrl+E，可以将选定的图层与其下一层合并为一个图层，并且以下一层名称为合并后的图层名称，如下左图所示。

素材文件3-1.psd

执行"合并可见图层"命令，将可见图层合并为一个图层，并将自动命名为"背景"图层，如下中图所示。

执行"拼合图像"命令，可以将由几个图层组成的图像合并为一个图层，并自动命名为"背景"图层，如下右图所示。

向下合并   合并可见图层   拼合图像

29. **"图层>修边"命令**：粘贴图像的时候，同时清除背景色。执行该命令后，会弹出一个子菜单，若选择"去边"命令，则按照输入值删除边线；若选择"移去黑色杂边"命令，则可以删除黑色的背景杂边；若选择"移去白色杂边"命令，则可以删除白色的背景杂边。

避免图层属性面板太长而影响操作

在Photoshop中，为图层添加图层样式或者滤镜效果时，"图层"面板中的所有属性都会展开显示，有时会很长而影响其他图层的查看，如下左图所示。此时，我们可以单击图层右侧的▲按钮，收起/展开图层属性，如下右图所示。

用图层颜色属性智能选择图层

在Photoshop中当图层很多而恰巧我们需要同时选中很多图层时，可以用图层颜色属性来更智能地选择图层。

要想更智能地选择图层，除了用图层组功能来给图层分组之外，Photoshop CC 2019增强的图层过滤功能可以帮助我们用更灵活的方式来选中需要的图层。比如右图的"图层"面板的文件里有两个按钮，分为组1和组2两个图层组，每个形状由一个路径和一个按钮文字图层组成。

我们可以把按钮的文字图层都标记成橙色，当您只想选择所有文字进行操作的时候，就能在"图层"面板的图层过滤选项区域选择按颜色分类，然后选中橙色即可。当相同的按钮很多，比如有10个或者20个的时候这个功能就可以节省很多选择图层的时间了。

3.2.2 实例精讲：图层的对齐与分布

要点：依据当前图层和链接图层的内容，可以进行图层之间的对齐操作。Photoshop提供了6种对齐方式。首先，我们打开3-2.psd文件，如右图所示。

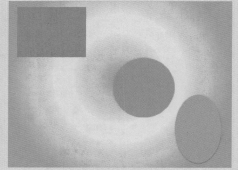

01 在"图层"面板中按住Shift键的同时单击3个图层，将这三个图层选中，如右图所示。

02 执行"图层>对齐>顶边"命令，或单击选项栏中的"顶对齐"按钮，即可将三个图像的顶端处于一个水平线上，如右图所示。

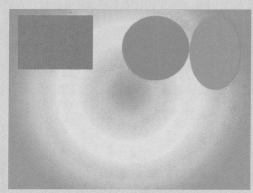

03 按下快捷键Ctrl+Z，将图像的位置恢复原始状态。然后执行"图层>分布>水平居中"命令，或单击选项栏中的"水平居中分布"按钮，即可将三个图像参照每个图层水平中心像素的位置均匀地分布图层，如右图所示。

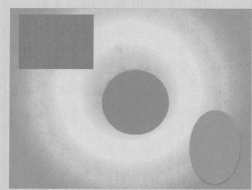

3.3 在"图层"面板中操作

在制作复杂的图像时，大多需要很多图层才能完成，Photoshop提供了用于管理图层的"图层"面板，包括编辑图层的基本操作方法，下面对"图层"面板的应用进行介绍。"图层"面板是由图层、图层的混合模式、填充、不透明度、图层项目、快捷图标以及锁定功能组成的，如下图所示。

❶ 混合模式：在图层图像上设置特殊的混合模式。

❷ 不透明度：设置图层图像的透明度。

❸ 锁定区域：如果不想在选定的图层上应用相应的功能，可以单击相应的按钮进行锁定。

● 锁定透明像素▨：不在图层的透明区域应用，只应用于有图像的区域。

● 锁定图像像素✎：选择图层以后，单击该按钮，会显示出锁形图标⌷，在锁定的状态下，是不能编辑图像的。

● 锁定位置✛：单击该按钮，则不能移动相应图层的图像。

● 防止嵌套⌸：单击该按钮，可防止在画板和画框内外自动嵌套。

● 锁定全部⌷：单击该按钮，相应图层成为锁定状态后，不能再进行修饰或者编辑。

❹ 眼睛图标◉：在画面上显示或者隐藏图层图像。

❺ 形状图层：使用形状工具以后生成的图层。

❻ 文字图层：使用文字工具输入文字以后生成的图层。

❼ 图层编辑按钮：使用这些按钮可以对图层执行链接、添加图层样式或删除等操作。

ⓐ 链接图层⟠：显示图层与其他图层的链接情况。

ⓑ 添加图层样式ƒ✗.：在选定的图层上添加图层样式。

ⓒ 添加图层蒙版▣：在选定的图层上添加图层蒙版。

ⓓ 创建新的填充或调整图层◑：单击该按钮，创建新的填充和调整图层，对图像进行编辑，不会损坏原图像，且能完成对图像的调整。

ⓔ 创建新组▭：单击该按钮，可以按照不同的种类生成图层组。

ⓕ 创建新图层◰：单击此按钮，可以得到新的图层。

ⓖ 删除图层🗑：单击该按钮，将选定的图层删除。

单击"图层"面板的扩展按钮，会显示出扩展菜单。

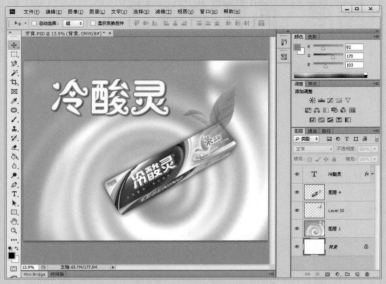

用鼠标右键单击图层的缩略图，会弹出快捷菜单，如果选择"无缩览图"命令，那么图像的缩览图就会消失；选择其他选项，图像的缩览图会随之变大或缩小。右图分别为选择"无缩览图"、"小缩览图"、"中缩览图"和"大缩览图"命令的效果。

扩展面板

无缩览图

小缩览图

中缩览图

大缩览图

3.3.1 实例精讲：图像的隐藏与显示

要点：单击图层的眼睛图标 ◉，可以对图像进行显示与隐藏。打开眼睛图标，则相应的图层图像就会显示出来；如果关闭眼睛图标，则不能显示该图层的图像。利用该功能，我们可以隐藏不需要的图像，从而方便操作，提高工作效率。本案例我们将对图层和图层组的显示与隐藏操作进行介绍，首先打开3-5.psd素材文件。

1. 图层组的隐藏与显示

01 在"图层"面板中，每单击一次图层组前面的眼睛图标 ◉，就会在打开和关闭该图层组之间切换，在画面中显示或隐藏该图层组图像。单击"组4"图层组的眼睛图标 ◉ 后，大树等图像成部分就被隐藏了。

03 再次单击"组4"图层组和"组2"图层组的眼睛图标，在画面中显示组图像。

02 使用同样的方法，单击"组2"图层组的眼睛图标后，画面中的部分图像被隐藏起来了。

04 在"图层"面板中,将"组6"图层组拖动到"组4"图层组的上方。

05 大树图层组此时位于背景图层组图像的下方,大树图像被遮盖住了,此时为不可见。

! 提示:快速隐藏多个图层

按住Alt键单击一个图层的眼睛图标,可以将除该图层外的其他所有图层隐藏;按住Alt键再次单击同一眼睛图标,可恢复其他图层的可见性。

2. 图层的隐藏与显示

01 将"组1""组3"至"组6"中的图像隐藏,然后单击"组2"图层组的三角按钮 ▶ ,展开图层组,效果如下图所示。

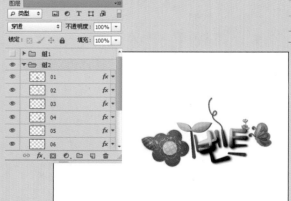

! 提示:隐藏组图层

在图层组中,如果将图层组的图层隐藏,则此图层组中包含的所有图层将不可显示,指示图层可见性图标将以灰色显示;但是在图层组显示的情况下,可显示/隐藏部分子图层。

02 单击"组2"图层组中01图层的眼睛图标 ◉ ,就会隐藏01图层图像。

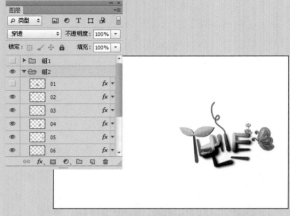

03 如果单击"组2"图层组前的眼睛图标 ◉ ,就会隐藏"组2"图层组中的所有图像。

04 单击"组2"图层组中部分图层前的眼睛图标 ◉ ,可以隐藏部分图层,如下图所示。

案例总结:

本实例主要讲解了图层的基本编辑,值得注意的是,当我们要对某一图层进行编辑时,首先必须在"图层"面板中将该图层选中,才能进行其他编辑。

3.3.2 实例精讲：调节图层的不透明度

要点：通过设置图层的不透明度，可以使图层中的图像呈透明状态显示。随着不透明度数值的增大或减小，图像的透明程度也会随之产生变化，从而制作出若隐若现的图像效果。

01 执行"文件>打开"命令，打开3-6.psd素材文件。在工具箱中选择快速选择工具 ，在树叶上连续单击，为树叶创建选区。

02 按下快捷键Ctrl+C、Ctrl+V，将选区中的图像复制，得到"图层1"图层，如下图所示。

03 将"图层1"拖曳到"创建新图层"按钮上，进行图层复制，得到"图层1拷贝"图层；按照同样的方法，复制叶子图像。

05 按照同样的方法，调整其他图层位置等属性，并且设置"图层1拷贝"、"图层1拷贝2"透明度为50%，"图层1 拷贝3"透明度为30%，还可对图像进行其他修饰，最终效果如下图所示。

04 将"图层1"选中，按下快捷键Ctrl+T，调整图像的大小、旋转角度、位置等属性，然后按Enter键确认操作。在"图层"面板中，设置"图层1"的不透明度为70%，然后按下快捷键Ctrl+U，调整图像的色相。

案例总结：

本实例主要利用快速选择工具将图像中的叶子作为选区，然后合理设置选区内图像的不透明度与大小，使图像表现出远近不同的效果；还可设置图像的色相和饱和度，使图像颜色更丰富。

3.3.3 修改图层的名称与颜色

在编辑图像时，当图层太多时，为了便于区分，我们可以为一些重要的图层设置容易识别的名称或设置区别于其他图层的颜色，以便在操作过程中可以快速找到它们。

如果要修改某个图层的名称，可以在"图层"面板中双击该图层名称，然后再显示的文本框中输入新名称，如右图所示。

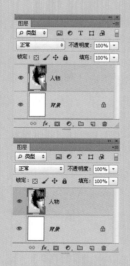

如果要修改图层的颜色，则用鼠标右键单击图层缩略图，在弹出的快捷菜单中选择一种颜色，即可改变图层的颜色，如右图所示。

Photoshop 精通 栅格化图层内容

如果要使用绘画工具和滤镜编辑文字图层、形状图层、矢量蒙版或智能对象等包含矢量数据的图层，需要先将其栅格化，使图层中的内容转换为光栅图像，然后才能进行相应的编辑。选择需要栅格化的图层，执行"图层>栅格化"子菜单中的命令，即可栅格化图层中的内容。

- 文字：栅格化文字图层，使文字变为光栅图像。栅格化以后，文字内容不能再修改。
- 形状：用于栅格化形状图层。
- 填充内容：用于栅格化形状图层的填充内容，但保留矢量蒙版。
- 矢量蒙版：用于栅格化形状图层的矢量蒙版，并将其转换为图层蒙版。
- 智能对象：栅格化智能对象，使其转换为像素。
- 图层/所有图层：用于栅格化当前选择图层、包含矢量数据、智能对象和生成数据的所有图层。

原文字图层　　　　　栅格化的图层　　　　　原图

栅格化形状　　　　　栅格化填充内容　　　　　栅格化矢量蒙版

图层的高级操作

04

在前面的章节中，我们讲解了图层的基础知识，本章将讲解图层的高级操作，包括图层的混合模式、图层样式、填充图层和调整图层等内容，使读者通过更深层次的图层知识学习更多实际操作，最终制作出更加完美的图像效果。

第4章

主要内容

- 图层混合模式应用
- 图层样式应用
- "样式"面板应用
- 填充图层操作
- 调整图层操作

知识点播

- 混合模式的分类
- 设定图层的混合模式
- 添加图层样式
- "调整"面板的应用

4.1 图层的混合模式

使用图层的混合模式可以将两个图层的色彩值紧密结合在一起，从而创造出大量的效果。混合模式在Photoshop中应用非常广泛，大多数绘画工具或编辑调整工具都可以使用混合模式，所以正确、灵活使用各种混合模式，可以为图像的效果锦上添花。

混合模式是Photoshop的核心功能之一，它决定了像素的混合方式，可用于合成图像、制作选区和特殊效果，但不会对图像造成任何实质性的破坏。

Photoshop中的许多工具和命令都包含混合模式设置选项，如"图层"面板、绘画和修饰工具的工具选项栏、"图层样式"对话框、"填充"命令、"描边"命令、"计算"命令和"应用图像"命令等。如此多的功能都与混合模式有关，足见混合模式的重要程度。

图层的混合模式确定了其像素如何与图像中的下层像素进行混合，使用混合模式可以创建各种特殊效果。默认情况下，图层组的混合模式是"正常"，这表示该图层组没有自己的混合属性。为图层组选取其他混合模式时，可以有效地更改图像各个组成部分的合成顺序。

在"图层"面板中选择一个图层或组，然后选取混合模式的方法为：在"图层"面板的"设置图层的混合模式"下拉列表中选取一个选项；或选择"图层>图层样式"菜单命令，然后从子菜单中选取一个选项。

正常
溶解

变暗
正片叠底
颜色加深
线性加深
深色

变亮
滤色
颜色减淡
线性减淡（添加）
浅色

叠加
柔光
强光
亮光
线性光
点光
实色混合

差值
排除
减去
划分

色相
饱和度
颜色
明度

> **提示：数字键修改不透明度**
>
> 使用除画笔、图章、橡皮擦等绘画和修饰之外的其他工具时，按下键盘中的数字键可快速修改图层的不透明度。例如，按下5键，不透明度会变为50%；按下55键，不透明度变为55%；按下0键，不透明度会恢复为100%。

4.2 图层样式

图层样式也叫图层效果，它是用于制作文理和质感的重要功能，可以为图层中的图像内容添加如投影、发光、浮雕、描边等效果，创建具有真实质感的水晶、高光、金属等特效。图层样式可以随时修改、隐藏或删除，具有非常强的灵活性。

4.2.1 添加图层样式

如果要为图层添加样式，可以先选择这一图层，然后采用下面任意一种方法打开"图层样式"对话框，进行参数设置。

1. 利用菜单命令打开"图层样式"对话框

执行"图层>图层样式"菜单命令，在弹出的子菜单中选择需要的命令，会弹出"图层样式"对话框，如图a所示。

2. 利用按钮打开"图层样式"对话框

在"图层"面板中单击"添加图层样式"按钮 *fx.*，在打开的下拉列表中选择一个效果选项，可以打开"图层样式"对话框，进入到相应效果的设置面板，如图b所示。

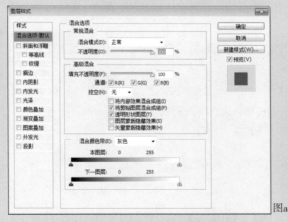

图a　　图b

3. 利用鼠标打开"图层样式"对话框

双击要添加效果的图层，可以打开"图层样式"对话框，在对话框左侧选择要添加的效果，即可切换到该效果的设置面板。

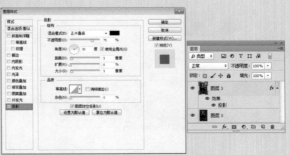

4.2.2 利用图层样式制作艺术图像效果

"图层样式"对话框左侧的列表框中列出了10余种效果选项，如果选择某个效果，表示在图层中添加该效果。要停用该效果，可单击"图层"面板中该样式前面的 👁，但保留效果参数。

❶ 混合选项：选择这一选项以后，会弹出"图层样式"对话框，该对话框中包含了可以选择图层样式的"样式"列表框。如果选择左侧列表框中的图层样式选项，右侧面板中就会显示可以控制相应选项的项目参数。

ⓐ 样式：该列表框里提供了可以在图像上加入阴影或立体效果的功能，利用渐变和图案实现叠加、描边等效果。

ⓑ 混合选项

- 常规混合：设置图层的混合模式和不透明度。
- 高级混合：设置图层的填充不透明度或者显示RGB与CYMK颜色，另外还提供了能够透视查看当前图层的下级图层功能。
- 混合颜色带：设置调整选定图层亮度的灰色和通道。"本图层"可以调整当前的图层，"下一图层"可以调整当前图层的下一图层。

ⓒ 取消：按Alt键以后，按钮就会变成"复位"，可以使对话框中的参数设置恢复为初始状态。

ⓓ 新建样式：将"图层样式"对话框中设置的特殊效果保存为新的样式文件。

ⓔ 预览：可以通过预览形态显示当前设置的特殊效果的状态。

❷ 投影：该图层样式是根据图像的边线应用阴影效果，设置漂浮在图像上的立体效果。

原图

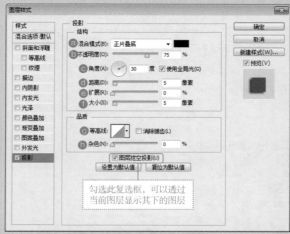

ⓐ 混合模式：用于调整阴影的混合模式。单击下拉按钮▾选择混合模式，或单击右侧的颜色框，调整阴影的颜色。

ⓑ 不透明度：调整阴影的透明度。值越大，表现出来的阴影越深；值越小，阴影则越浅。

ⓒ 角度：调整阴影的角度，阴影的位置会随之改变。

不透明度：50%

不透明度：100%

角度：30°

角度：170°

ⓓ 距离：调整图像和阴影的距离，值越大，图像和阴影的距离越大。

ⓔ 扩展：调整阴影被扩展的程度。值越大，阴影范围越大。

距离：0像素

距离：20像素

扩展：0%

扩展：45%

ⓕ 大小：调整阴影的大小。值越大，阴影范围越大，阴影的轮廓也会变得柔和。

ⓖ 等高线：利用曲线调整阴影部分的对比值，一般在设置颜色对比强烈的阴影效果时使用。单击"线性"框后，会弹出"等高线编辑器"对话框，单击"预设"下拉按钮▾，可以选择Photoshop提供的多种类的阴影形态。

ⓗ 杂色：在阴影上应用点形态的杂点，表现出粗糙的感觉。值越大，杂点的数量越多。

大小：0像素

大小：15像素

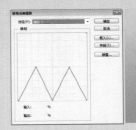

预设：锯齿1

预设：内凹–深

预设：滚动斜坡–递减

杂色：50%

杂色：100%

❸ 内阴影：在图像的内侧制作阴影效果，可以获得好像剪子剪出来的图形效果。

原图   距离：0

距离：10   大小：10   等高线：内凹−浅

❹ 外发光和内发光

ⓐ 外发光：制作出从图像外侧发光的效果。通过扩展选项可以设置应用照明发光效果的范围，通过设置"大小"选项的值可以设置发光的大小。有关各种选项的具体功能，与前面"投影"图层样式是一样的。

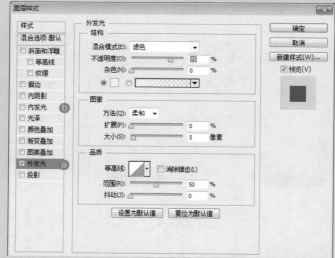

原图   颜色：黄色

大小: 95像素   范围: 80%   范围: 10%

ⓑ 内发光: 制作出好像从图像内侧发光的效果。通过"范围"选项,可以设置应用照明效果的范围;通过"大小"选项,可以对发光的大小进行调整。各参数的具体功能与前面学习的"投影"图层样式参数的含义是一样的,这里就不在介绍了。

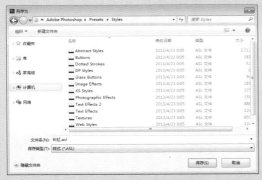

原图

⑤ 斜面和浮雕: 在图层图像上应用高光和阴影的效果,设置立体感或浮雕效果。在"结构"选项区域的"样式"选项列表中,提供了各种立体形态的样式选项。

ⓐ 样式: 在图像上应用特殊的效果。

● 外斜面: 从图像的边线部分向外应用高光和阴影效果,表现立体效果。

● 内斜面: 从图像的内侧部分向外应用高光和阴影效果,表现立体效果。

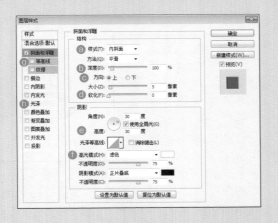

外斜面

内斜面

- 浮雕效果：以图像的边线部分为基准，在内侧应用高光、在外侧应用阴影效果。
- 枕状浮雕：按照图像的边线部分，通过阴刻形态表现立体效果。
- 描边浮雕：在"图层样式"对话框左侧的样式中，勾选"描边"复选框，在图像的边线部分上应用边框形态的样式。

浮雕效果　　　　　　　枕状浮雕　　　　　　　描边浮雕

b 深度：在阳刻的立体效果中，调整深度值。

c 方向：调整高光和阴影的应用方向。

d 软化：调整应用高光和阴影的边线部分。

e 高度：调整照明的角度和高度值。越是接近圆的中心，数值越大，应用在整个图像上的高光和阴影就会越柔和。

f 高光/阴影模式：调整高光和阴影的颜色或者调整混合模式和透明度。

浮雕效果 深度：800%　　　　软化：10像素　　　　高光不透明度：100%　　高光不透明度：20%
　　　　　　　　　　　　　　　　　　　　　　　阴影不透明度：20%　　　阴影不透明度：100%

g 等高线：调整应用高光和阴影边线部分的轮廓。勾选该复选框后，会生成可以是边线部分更清晰的角。"范围"参数可以调整根据图像边线部分生成的阴影部分的范围。"等高线"选项则可以通过调整颜色对比值，调整外部轮廓的形态。

锥形

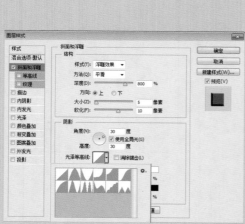

画圆步骤

h 光泽：这是一种可以在图像上表现出类似绸缎感觉的功能，可以表现图案形态的图像。单击"混合模式"右侧的色块，可以在打开的对话框中选择需要的颜色；单击"等高线"右侧的"线性"框，利用弹出的对话框可以制作出绸缎图像。

Photoshop 精通 案例：应用"自动对齐图层"命令

"自动对齐图层"命令可以根据不同图层中的相似内容自动对齐图层。通过使用"自动对齐图层"命令可以替换或删除具有相同背景的图像部分，或将其共享重叠内容的图像拼接在一起，具体的操作步骤如下。

01 按下快捷键Ctrl+O，打开本书的素材4-1.psd文件，如右图所示。

> **提示：自动对齐图层**
>
> 要对图像执行"自动对齐图层"命令，首先应该选中多个图层，然后在参数设置对话框中选择相应的选项即可。

02 在"图层"面板中按住Shift键的同时，单击图层，将相关图层全部选中。

03 对选中的图层执行"编辑>自动对齐图层"命令，即可打开"自动对齐图层"对话框，如右图所示。

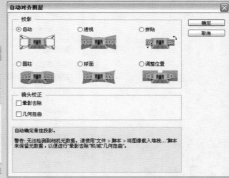

04 在对话框中选择"球面"选项前的单选按钮，并勾选"镜头校正"选项区域的复选框，然后单击"确定"按钮。

05 执行上一步操作后，在画面中可以看到选中的图层被自动对齐排列的效果，如右图所示。

4.3 使用"样式"面板

"样式"面板用来保存、管理和应用图层样式，我们也可以将Photoshop提供的预设样式或者外部样式库载入到该面板中使用。

4.3.1 "样式"面板

"样式"面板中提供了Photoshop各种预设的图层样式，如下图所示。

选择要应用样式的图层，单击"样式"面板中的一个样式选项，即可为选择的图层添加该样式，如下图所示。

4.3.2 管理预设样式

管理预设样式包括创建样式、删除样式和存储样式等操作，下面分别介绍其操作方法。

1. 新建样式

在"图层样式"对话框中为图层添加了一种或多种效果以后，可以将该样式保存到"样式"面板中，方便以后使用。

如果要将效果创建样式，可以在"图层"面板中选择添加了效果的图层，然后单击"样式"面板中的"创建新样式"按钮，打开"新建样式"对话框，设置样式名称并单击"确定"按钮，即可新建样式。

提示：新建样式的快捷方法

　　按住Alt键单击"创建新样式"按钮，可以创建新样式，但不打开"新建样式"对话框，样式使用系统默认的名称。

- 名称：用来设置新样式的名称。
- 包含图层效果：勾选该复选框，可以将当前的图层效果设置为样式。
- 包含图层混合选项：如果当前图层设置了混合模式，勾选该复选框，新建的样式将具有这种混合模式。

2. 删除样式

将"样式"面板中的一个样式拖动到"删除样式"按钮上，即可将其删除。此外，按住Alt键的同时单击一个样式，则可直接将其删除。

3. 存储样式库

如果在"样式"面板中创建了大量的自定义样式，可将这些样式保存为一个独立的样式库。

执行"样式"面板菜单中的"存储样式"命令，打开"另存为"对话框，设置样式库名称和保存位置，单击"保存"按钮，即可将面板中的样式保存为一个样式库。如果将自定义的样式库保存在Photoshop程序的"Presets>Styles"文件夹中，重新运行Photoshop后，该样式库的名称会出现在"样式"面板菜单的底部。

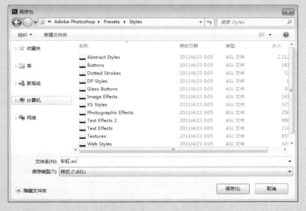

4. 载入样式库

除了"样式"面板中显示的样式外，Photoshop还提供了其他的样式，它们按照不同的类型放在不同的库中。例如，Web样式库中包含了用于创建Web按钮的样式，"文字效果"样式库中包含了对文本添加效果的样式。要使用这些样式，需要将它们载入到"样式"面板中。

打开"样式"面板菜单，选择一个样式库，如下图所示。弹出Adobe Photoshop CC对话框，单击"确定"按钮，可载入样式并替换面板中的样式；单击"追加"按钮，可以将样式添加到面板中；单击"取消"按钮，则取消载入样式的操作。下图的两个"样式"面板，分别为单击"确定"按钮和单击"追加"按钮的效果。

单击"确定"按钮

单击"追加"按钮

4.3.3 实例精讲：使用外部样式创建特效字

要点：使用"样式"面板，可以轻松地为所选图层应用"样式"面板中所储存的样式。本例以雪花元素为例，应用"样式"面板制作立体雪花效果。

01 执行"文件>打开"命令，或按下快捷键Ctrl+O，打开4-2.psd文件。

02 打开"样式"面板，单击 按钮，弹出下拉菜单，选择"载入样式"命令，打开"载入"对话框，选择花朵样式文件，将它载入到面板中，如下图所示。

03 在"图层"面板中选择"图层1"图层，单击"样式"面板中新载入的样式，为图层添加"花朵"效果，如下图所示。

04 执行"图像>调整>曝光度"命令，在弹出的"曝光度"对话框中设置参数并查看效果，如下图所示。

4.4 应用调整图层

调整图层是一种特殊的图层，它可以将颜色和色调调整应用于图像，但不会改变原图像的像素，因此，不会对图像产生实质性的破坏。下面我们来了解怎样使用调整图层。

 ## 4.4.1 了解调整图层的优势

在Photoshop中，图像色彩与色调的调整方式有两种，一种是在菜单栏中执行"图像>调整"子菜单中的命令，另外一种是使用调整图层来操作。例如，下面三张图分别是原图、应用"图像>调整"子菜单中的命令和使用调整图层的效果。我们可以看到，"图像>调整"子菜单中的调整命令会直接修改所选图层中的像素数据。而调整图层可以达到同样的调整效果，但不会修改像素。不仅如此，只要隐藏或删除调整图层，便可以将图像恢复为原来的状态。

创建调整图层以后，颜色和色调调整就存储在调整图层中，并影响它下面的所有图层。如果想要对多个图层进行相同的调整，可以在这些图层上面创建一个调整图层，通过调整图层来影响这些图层，而不必分别调整每个图层。将其他图层放在调整图层下面，就会对其产生影响，从调整图层下面移动到上面，则可取消对它的影响，如下图所示。

4.4.2 "调整"面板

在菜单栏中执行"图层>新建调整图层"子菜单中的命令或者使用"调整"面板,都可以创建调整图层。"调整"面板中包含了用于调整颜色和色调的工具,并提供了常规图像校正的一系列调整预设,单击一个调整图层按钮,或单击一个预设,可以显示相应的参数设置选项,同时创建调整图层,如图所示。

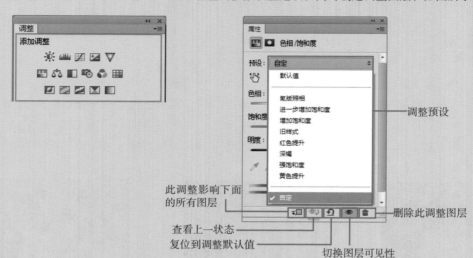

- 调整图层按钮/调整预设:单击一个调整图层按钮,"属性"面板中会显示相应设置选项,将光标放在按钮上,会显示该按钮所对应当调整命令的名称。单击"属性"面板中"预设"下拉按钮,可以展开预设列表,选择一个预设选项,即可使用该预设调整图像,同时面板中会显示相应设置选项。

- 此调整影响下面的所有图层:单击该按钮,可以将当前的调整图层与它下面的图层创建为一个剪贴蒙版组,使调整图层仅影响它下面的一个图层,如下左图所示。再次单击该按钮时,调整图层会影响下面的所有图层,如下右图所示。

- 切换图层可见性：单击该按钮，可以隐藏或者重新显示调整图层，如下图所示。

- 查看上一状态：调整参数以后，可以单击该按钮或按下\键，在窗口中查看图像的上一个调整状态，以便比较两种效果。
- 复位到调整默认值：单击该按钮，可以将调整参数恢复为默认值。
- 删除此调整图层：单击该按钮，可以删除当前调整图层。

4.4.3　实例精讲：通过调整图层表现时尚摇滚效果

要点：本例是一个将普通照片制作为时尚摇滚风格的操作实例。在制作过程中，主要运用了"调整"面板中不同的参数设置，从而得到时尚的摇滚效果图，具体操作方法如下。

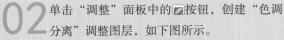

01　按下快捷键Ctrl+O，打开4-3.jpg素材文件，如下图所示。

02　单击"调整"面板中的▨按钮，创建"色调分离"调整图层，如下图所示。

03 拖动滑块将"色阶"调整为6，如下
图所示。

04 单击"调整"面板中的■按钮，创建一个渐变
映射调整图层，设置渐变色为"洋红"到"白
色"，效果如下图所示。

05 打开9-5-6.jpg素材文件，如下图所示。

06 在工具箱中选择移动工具，将其拖入照片文
档，并按下快捷键Ctrl+T，调整其大小和位
置，设置混合模式为"滤色"、透明度为70%，图像效
果如下图所示。

4.4.4 实例精讲：控制调整强度和调整范围

要点：调整图层是一种特殊的图层，它可以将颜色和色调调整应用于图像，但不会改变源图像的像素，因
此，不会对图像产生实质性的破坏。下面我们来介绍通过调整图层控制调整强度和调整范围的操作方法。

01 按下快捷键Ctrl+O，打开4-4.jpg素材文件，
如图所示。

02 单击"调整"面板的■按钮，创建"阈
值"调整图层。拖动滑块调整阈值色阶。

03 在"图层"面板中将调整图层的不透明度设置为40%，调整图层的调整强度便会减弱为从前的一半，如图所示。不透明度值越底，调整强度越弱。

04 将调整图层的不透明度恢复为100%。创建调整图层时，Photoshop会自动为其添加一个图层蒙版。在蒙版中，白色代表调整图层影响的区域，灰色会使调整强度变弱，黑色会遮盖调整图层。我们可以使用画笔、渐变工具在图像中涂抹黑色和灰色，来定义调整图层影响区域，如果要使调整图层对所有区域都产生影响，则可将蒙版填充为白色。

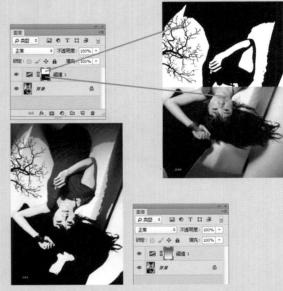

4.4.5　修改调整参数

创建调整图层以后，要想修改调整参数，则在"图层"面板中双击调整图层的缩览图，"调整"面板中就会显示调整选项，然后根据需要修改调整参数即可，如右图所示。

> **提示：修改调整参数的其他方法**
>
> 创建了填充图层或调整图层后，执行"图层>图层内容选项"命令，可以重新打开填充或调整对话框，在对话框中可以修改相关选项和参数。

Photoshop
精通 **案例：将图片复制到另一图片的原位置**

在Photoshop中，如果经常需要在一组同样尺寸的源文件间来回切换，把一个文件中的内容拖到另一个文件中，拖过去发现位置变了，还要再调整，是不是很烦恼？

这里有一个小秘诀：在把文件拖到另一个文件中时按住Shift键，如果两个文件尺寸一样大，那么它就会粘贴在原来的位置；如果尺寸不同，则会粘贴在画板正中央。无论是图层、路径、形状、选区等，只要是能拖动的东西，用此方法都可以实现。

01 打开4-5.psd、4-6.jpg素材文件，这两幅图片的尺寸是一样的。

02 选择移动工具将4-5.psd素材中的黄色星球层拖到4-6.jpg素材中，此时黄色星球的位置与原图中位置不吻合，效果如下左图所示。如果按住Shift键进行拖动，它就会粘贴在原来的位置，如下右图所示。

Photoshop 精通 案例：图层的深层次运用

您一定已经知道了图层对Photoshop图像处理的重要性，那么您知道图层操作中隐藏的技巧吗？下面我们就来了解一下图层的深层次运用。

01 除了在"通道"面板中编辑图层蒙版以外，按Alt键同时单击"图层"面板上的蒙版图标可以打开它；按住Shift键同时单击蒙版图标，可以禁用/打开蒙版（显示一个红叉×表示禁用蒙版）。按住Ctrl键同时单击蒙版图标为载入它的透明选区。

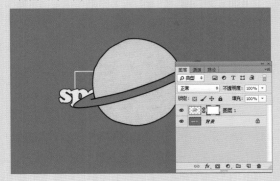

按Alt键打开蒙版

按Shift键禁用蒙版

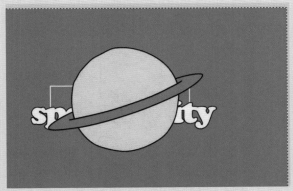

按Ctrl键载入蒙版透明选区

02 单击"图层"面板上的"添加图层蒙版"按钮（在"图层"面板的底部），所加入的蒙版默认显示当前选区的所有内容；按住Alt键单击"添加图层蒙版"按钮，所加的蒙版隐藏当前选区内容。

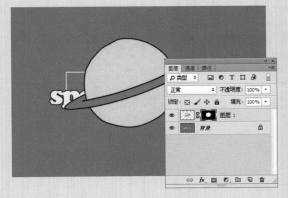

添加图层蒙版

按下Alt键添加图层蒙版

03 按住Alt键同时单击鼠标右键，可以自动选择当前点最靠上的层，或者在移动工具选项栏中选择"自动选择"为"图层"也可实现。

04 使用Alt+Shift+鼠标右键组合键，可以切换当前层是否与最下面层作链接。

05 我们需要多层选择时，可以先用选择工具选定文件中的区域，绘制出一个选择虚框；然后按住Alt键，当光标变成一个右下角带一小"−"的大"+"号时(这表示减少被选择的区域或像素)，在第一个框里面拉出第二个框；而后按住Shift键，当光标变成一个右下角带一小"+"的大"+"号时，再在第二个框的里面拉出第三个选择框，这样两者轮流使用，就可以进行多层选择了，用这种方法也可以选择不规则对象。

06 按Shift++组合键（向前）和Shift+−组合键（向后），可在各种层的合成模式上切换。我们还可以按Alt +Shift+某一字符组合键，快速切换合成模式。

N = 正常 (Normal)	I = 溶解 (Dissolve)
M = 正片叠底 (Multiply)S = 屏幕 (Screen)	
O = 叠加 (Overlay)	F = 柔光(Soft Light)
H = 强光(Hard Light)	D = 颜色减淡 (Color Dodge)
B = 颜色加深 (Color Burn)	K = 变暗 (Darken)
G = 变亮 (Lighten)	E = 差值(Difference)
X = 排除 (Exclusion)	U = 色相 (Hue)
T = 饱和度 (Saturation)	C = 颜色 (Color)
Y = 亮度(Luminosity)	Q = 背后(Behind 1)
L = 阈值(Threshold 2)	R = 清除 (Clear 3)
W = 暗调(Shadows 4)	V = 中间调(Midtones 4)
Z = 高光(Highlights 4)	

正常

正片叠底

颜色加深

滤色

05

第 5 章

调整图像

在日常生活或外出旅游中，人们经常会将自己喜爱的画面用相机拍摄下来，但很多原因会导致照片的拍摄效果不理想，此时，我们就可以通过 Photoshop 软件对图像进行调整和编辑，使之更加完美。本章主要介绍图像颜色模式的调整以及色彩编辑的方法。

主要内容

- Photoshop 调整命令概览
- 图像的颜色模式
- 调整图像的色彩

知识点播

- 颜色模式
- "亮度 / 对比度" 命令
- "色阶" 命令
- "曲线" 命令

5.1 Photoshop调整命令概览

一张照片或图像，色彩不只是真实记录下事物，还能够带给我们不同的心理感受。创造性地使用色彩，可以营造各种独特的氛围和意境，使用图像更具表现力。Photoshop提供了大量色彩和色调调整工具，可用于处理图像和数码照片，本小节主要对这些调整命令的应用进行介绍。

5.1.1 调整命令的分类

Photoshop的"图像"菜单中包含了用于调整图像色调和颜色的各种命令，其中一部分常用的命令也通过"调整"面板的操作来实现图像效果。下左图是"图像"菜单中的调色命令，下右图是"调整"面板。

"图像"菜单中的调色命令

"调整"面板

1. **调整颜色和色调的命令：** "色阶"和"曲线"命令可以调整图像的颜色和色调，它们是最重要、最强大的调整命令；"色相/饱和度"和"自然饱和度"命令用于调整图像的色彩；"阴影/高光"和"曝光度"命令用于智能调整图像的色调。

2. **匹配、替换和混合颜色的命令：** "匹配颜色"、"替换颜色"、"通道混合器"和"可选颜色"命令可以匹配多个图像之间的颜色，替换指定的颜色或者对颜色通道做出调整。

3. **快速调整命令：** "自动色调"、"自动对比度"和"自动颜色"命令能够自动调整图片的颜色和色调，可进行简单的调整，适合初学者使用；"照片滤镜"、"色彩平衡"和"变化"是用于调整色彩的命令，使用方法简单且直观；"亮度/对比度"命令和"色调均化"命令用于调整图像的色调。

4. **特殊颜色调整命令：** "反相"、"阈值"、"色调分离"和"渐变映射"是特殊的颜色调整命令，它们可以将图片转换为负片效果、简化为黑白图像、分离色彩或者用渐变颜色转换图片中原有的颜色。

5.1.2　调整命令的使用方法

Photoshop的调整命令可以通过两种方式来使用，第一种是直接用"图像"菜单中的命令来处理图像，第二种是使用调整图层来应用这些调整命令。这两种方式可以达到相同的调整结果，不同之处在于："图像"菜单中的命令会修改图像的像素数据，而调整图层不会修改像素，它是非破坏性的调整功能。

例如，右图为原图像，假设需要使用"色相/饱和度"命令调整图像的颜色。如果使用菜单栏中的"图像>调整>色相/饱和度"命令来操作，"背景"图层中的像素就会被修改，如下左图所示。如果使用调整图层操作，则可在当前图层的上面创建一个调整图层，调整命令通过该图层对下面的图像产生影响，调整结果与使用"色相/饱和度"菜单命令完全相同，但下面图层的像素却没有任何变化，如下右图所示。

原图

使用菜单命令调整色相/饱和度

使用调整图层来调整色相/饱和度

使用"调整"命令调整图像后，我们不能修改调整参数。而使用调整图层却可以随时修改参数，并且只需隐藏或删除调整图层，便可以将图像恢复为原来的状态，如图所示。

使用调整图层调整曲线

隐藏该图层

使用调整图层调整渐变映射

隐藏该图层

5.2 图像的颜色模式

颜色模式决定了用来显示和打印所处理图像的颜色方法。打开一个图像文件后，在"图像>模式"下拉菜单中选择一种模式，即可将图像转换为该模式，其中，RGB、CMYK、Lab等是常用和基本的颜色模式，索引颜色和双色调等则是用于特殊色彩输出的颜色模式。颜色模式基于颜色模型（一种描述颜色的数值方法），选择一种颜色模式，就等于选用了某种特定的颜色模型。

5.2.1 位图模式

位图模式只有纯黑和纯白两种颜色，适合制作艺术样式或用于创作单色图像。彩色图像转换为该模式后，色相和饱和度信息都会被删除，只保留亮度信息。只有灰度和双色调模式才能够转换为位图模式。

打开一个RGB模式彩色图像，执行"图像>模式>灰度"命令，先将它转换为灰度模式。然后再执行"图像>模式>位图"命令，打开"位图"对话框，在"输出"数值框中设置图像的输出分辨率，然后在"方法"选项区域的"使用"下拉列表中选择一种转换方法，包括"50%阈值""图案仿色""扩散仿色""半调网屏"和"自定图案"等方法选项。下左图是原RGB模式的彩色图像，下右图是转换为灰度模式的图像。

原图　　　　　　　　　　　将RGB模式转换为灰度模式　　　　　位图对话框

- 50%阈值：将50%色调作为分界点，灰色值高于中间色阶128像素转换为白色，灰色值低于色阶128的像素转换为黑色。
- 图案仿色：用黑白点图案模拟色调。
- 扩散仿色：通过使用从图像左上角开始的误差扩散过程来转换图像，由于转换过程的误差原因，会产生颗粒状的纹理。
- 半调网屏：可模拟平面印刷中使用的半调网点外观。
- 自定图案：可选择一种图案来模拟图像中的色调。

5.2.2　双色调模式

双色调模式是采用一组曲线来绘制各种颜色油墨传递灰度信息的方式。使用双色油墨可以得到比单一通道更多的色调层次，能在打印中表现更多的细节。双色调模式还包含三色调和四色调选项，可以为三种或四种油墨颜色制版。但是，只有灰度模式的图像才能转换为双色调模式。下左图为双色调图像效果，下右图为三色调图像效果。

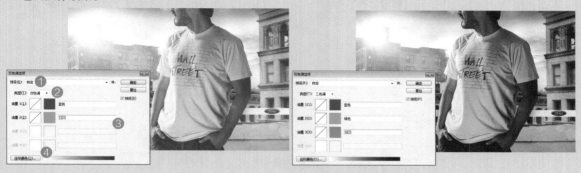

❶ 预设：可以选择一个预设的调整文件。

❷ 类型：在下拉列表中可以选择"单色调""双色调""三色调"和"四色调"选项。单色调是用非黑色的单一油墨打印的灰度图像，双色调、三色调和四色调分别是用两种、三种和四种油墨打印的灰度图像。选择之后，单击各个油墨颜色块，可以在打开的"颜色库"对话框中设置油墨颜色。

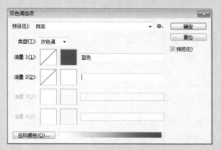
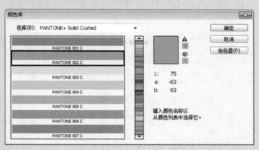

❸ 编辑油墨颜色：选择"单色调"选项时，只能编辑一种油墨；选择"四色调"选项时，可以编辑全部的四种油墨。单击下左图所示的图标，可以打开"双色调曲线"对话框，调整曲线可以改变油墨的百分比。单击"油墨"选项右侧的颜色块，可以在打开的"拾色器"对话框中选择油墨颜色。

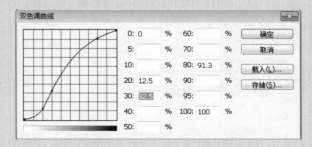

❹ 压印颜色：指相互打印在对方之上的两种无网屏油墨。单击该按钮可以在打开的"压印颜色"对话框中设置压印颜色在屏幕上的外观。

5.2.3 灰度模式

灰度模式的图像不包含颜色，彩色图像转换为该模式后，色彩信息都会被删除。灰度图像中的每个像素都有一个0~255之间的亮度值，0代表黑色，255代表白色，其他值代表了黑、白以及中间过渡的灰色。在8位图像中，最多有256级灰度，在16和32位图像中，图像中的级数比8位图像要大得多。执行"图像>模式>灰度"命令，会弹出"信息"对话框，单击"扔掉"按钮即可。

5.2.4 索引模式

使用256种或更少的颜色替代全彩图像中上百万种颜色的过程叫作索引。Photoshop会构建一个颜色查找表（CLUT），存放图像中的颜色。如果原图像中的某种颜色没有出现在该表中，则程序会选取最接近的一种，或使用仿色以现有的颜色来模拟该颜色。索引模式是GIF文件默认的颜色模式。右图为"索引颜色"对话框。

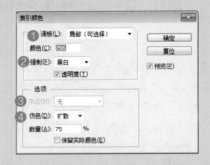

❶ 调板/颜色：可以选择转换为索引颜色后使用的调板类型，它决定了使用那些颜色。如果在"调板"下拉列表中选择"平均""局布（可感知）""局布（可选择）"或"局布（随样性）"，可通过输入"颜色"值指定要显示的实际颜色数量（多达256种）。

❷ 强制：可以选择将某些颜色强制包括在颜色表中的选项。选择"黑白"选项，可将纯黑色和纯白色添加到颜色表中；选择"三原色"选项，可添加红色、绿色、蓝色、青色、洋红、黄色、黑色和白色；选择Web，可添加216种Web安全色；选择"自定"选项，则允许定义要添加的自定颜色。

❸ 杂边：指定用于填充于图像的透明区域相邻的消除锯齿边缘的背景色。

❹ 仿色：在下拉列表中可以选择是否使用仿色。如果要模拟颜色表中没有的颜色，可以采用仿色。仿色会混合现有颜色的像素，以模拟缺少的颜色。要使用仿色，可在该选项下拉列表中选择仿色选项，并输入仿色数量的百分比值。该值越高，所仿颜色越多，但可能会增加文件大小。

5.2.5 RGB和CMYK颜色模式

RGB颜色模式是通过红、绿、蓝三种原色光混合的方式来显示颜色的，显示器、数码相机、电视、多媒体等都采用这种模式。在24位图像中，每一种颜色都有256种亮度值，因此，RGB颜色模式可以重现1670万种颜色（256×256×256）。在Photoshop中除非有特殊要求而使用特定的颜色模式，RGB都是首选。在这种颜色模式下，可以使用所有Photoshop的工具和命令，而其他模式则会受到限制。

CMYK是商业印刷使用的一种四色印刷模式，它的色域（颜色范围）比RGB模式小，只有制作要用印刷色打印的图像时，才使用该模式。此外，在CMYK模式下，有许多滤镜都不能使用。CMYK颜色模式中，C代表青色、M代表品红、Y代表黄色、K代表黑色。在CMYK模式下，可以为每个像素的每种印刷油墨指定一个百分比值。

5.2.6 Lab颜色模式

Lab模式是Photoshop进行颜色模式转换时使用的中间模式。例如，在将RGB图像转换为CMYK模式时，Photoshop会在内部先将其转换为Lab模式，再由Lab模式转换为CMYK模式。因此，Lab模式的色域最宽，它涵盖了RGB和CMYK的色域。

在Lab颜色模式中，L代表了亮度分量，它的范围为0~100；a代表了由绿色到红色的光谱变化；b代表了由蓝色到黄色的光谱变化。颜色分量a和b的取值范围均为+127~ –128。

Lab模式在照片调色中有着非常特别的优势，我们处理明度通道时，可以在不影响色相和饱和度的情况下轻松修改图像的明暗信息；处理a和b通道时，则可在不影响色调的情况下修改颜色。

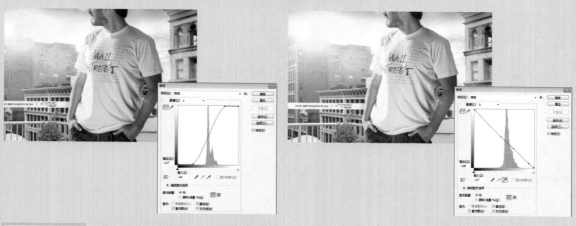

Photoshop 精通 案例：通过 Lab 模式获得更加细腻的黑白图像

要把一个彩色图像转换为灰度图像，通常的方法是执行"图像>模式>灰度"命令，或执行"图像>去色"命令。不过现在有一种方法可以让颜色转换成灰度时更加细腻，首先把图像转化成Lab颜色模式，即执行"图像>模式>Lab颜色"命令，在"通道"面板中删掉通道a和通道b，就可以得到一幅灰度更加细腻的图像了。

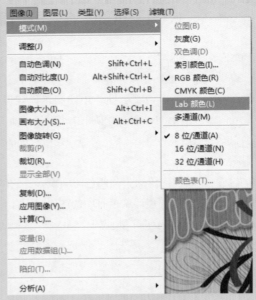

5.2.7　多通道模式

多通道是一种减色模式，将RGB图像转换为该模式后，可以得到青色、洋红和黄色通道。此外，如果删除RGB、CMYK、Lab模式的某个颜色通道，图像会自动转换为多通道模式，在多通道模式下，每个通道都是用256级灰度。进行特殊打印时，多通道图像模式十分有用。

给 Photoshop 加速

任何一种图像处理软件对内存的要求都很高，Photoshop也一样。如果您在使用Photoshop时，没有使用其他的一些大软件，就可以将Photoshop占用内存资源的比例提高。如何设置硬件，给Photoshop加速呢？下面我们就来介绍一下方法。

1. 指定虚拟内存

您可以用硬盘来作为内存使用，也就是常说的虚拟内存。请在菜单栏中执行"编辑>首选项>性能"命令，在弹出的"首选项"对话框中设置暂存盘，我们可以在硬盘上指定四个驱动器来作为虚拟内存，软件默认的虚拟内存是在Windows\temp之下。当第一个虚拟内存被用光之后，Photoshop会自动使用第二个暂存盘，这样就提高了执行速度。

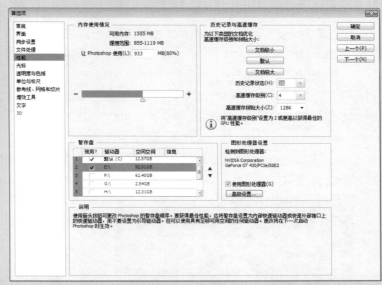

2. 释放内存与硬盘空间

在进行图像处理时，我们进行的所有操作将会记录在Photoshop的"历史记录"面板中。要想清除这些记录，我们可以执行"编辑>清理"菜单命令，在子菜单中选择要清理的选项，即将这些被占用的内存空间释放出来，让Photoshop有更多的资源可用，自然就提高了软件的运行效率。但注意，如果这些操作占用的内存比较少时，就没有必要清理啦！除此之外，在处理大型图片时，Photoshop会自动产生一些临时文件，一般都很大，如果您处理的是一个20MB大小的宣传画，那么临时文件可能就是100~150MB。请在Windows\temp或在设定虚拟内存的驱动器里，将产生的Photoshop临时文件*.hesp删除掉。

5.3 调整图像的色彩

通过调整图像的色彩，可以修复有色彩瑕疵的照片，从而令普通的照片产生艺术感的效果。在进行图像处理时，调整图像色彩是必不可少的环节，我们经常用Photoshop来对图像的色彩进行不同程度的调整，例如亮度/对比度、色相/饱和度、黑白、反相、去色等命令，同时还可以将几种命令结合使用，呈现意想不到的效果，接下来就分别讲解不同图像调整命令的使用方法。

5.3.1 "亮度/对比度"命令

"亮度/对比度"命令可以对图像的色调范围进行调整，它的使用方法非常简单，对于暂时还不能灵活使用"色阶"和"曲线"命令的用户，需要调整色调和饱和度时，可以通过该命令来操作。

打开一张照片，如下左图所示。执行"图像>调整>亮度/对比度"命令，打开"亮度/对比度"对话框，向左拖动滑块可以降低亮度和对比度，向右拖动滑块可增加亮度和对比度。如果在对话框中勾选"使用旧版"复选框，则可以得到与Photoshop以前版本相同的调整结果。

"亮度/对比度"对话框提供的是调整图像颜色时所需要的调整亮度和对比度的参数选项。"亮度"的数值越大，构成图像的像素就会越亮；"对比度"的数值越大，就越会提高高光和阴影的颜色对比，使图像更加清晰。首先打开一张素材图片，如下左图所示。

❶ 亮度：这是调节亮度的选项，数值越大，图像越亮，调整"亮度"为60的效果如下图所示。

❷ 对比度：这是调节对比度的选项，数值越大，图像越清晰，调整"对比度"为60的效果如下图所示。

 5.3.2 "色阶"命令

"色阶"命令经常在扫描完图像进行颜色调整时使用，该命令可以对亮度过暗的照片进行充分的颜色调整。执行"图像>调整>色阶"菜单命令后，在弹出的"色阶"对话框中，会显示直方图，利用下端的滑块可以调整颜色。左边滑块 ◢ 代表阴影，中间滑块 ◢ 代表中间色，右边滑块 △ 则代表高光。

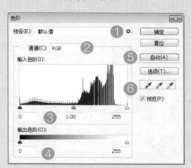

❶ 预设：利用此下拉列表可根据Photoshop预设的色彩调整选项，对图像进行色彩调整。

❷ 通道：可以在整个颜色范围内对图像进行色调调整，也可以单独编辑特定的颜色色调。

❸ 输入色阶：输入数值或者拖动直方图下端的3个滑块，以高光、中间色、阴影为基准调整颜色对比。

向左拖动高光滑块，图像中亮的部分会变得更亮

向右拖动阴影滑块，图像会整体变暗

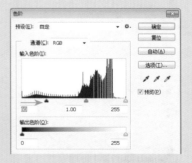

❹ 输出色阶：在调节亮度的时候使用，与图像的颜色无关。

❺ 自动：单击该按钮，可以将高光和暗调滑块自动地移动到最亮点和最暗点。

❻ 颜色吸管：设置图像的颜色。

● 设置黑场 ✐：通过黑色吸管选定的像素被设置为阴影像素，改变亮度值。

● 设置灰点 ✐：通过灰色吸管选定的像素被设置为中间亮度的像素，改变亮度值。

● 设置白场 ✐：通过白色吸管选定的像素被设置为中间亮度的像素，改变亮度值。

5.3.3 "曲线"命令

Photoshop可以调整图像的整个色调范围及色彩平衡。执行"图像>调整>曲线"菜单命令后,在弹出的"曲线"对话框中,可以利用曲线精确地调整颜色。查看"曲线"对话框的曲线框,可以看到曲线根据颜色的变化,被分成了上端的高光、中间部分的中间色和下端的阴影3个区域。

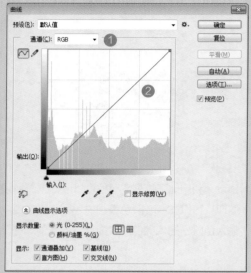

❶ 通道:若要调整图像的色彩平衡,可以在"通道"下拉列表中选取所要调整的通道,然后对图像中的某一个通道的色彩进行调整。

❷ 曲线:水平轴(输入色阶)代表原图像中像素的色调分布,初始时分成了5个带,从左到右依次是暗调(黑)、1/4色调、中间色调、3/4色调、高光(白);垂直轴代表新的颜色值,即输出色阶,从下到上亮度值逐渐增加。默认的曲线形状是一条从下到上的对角线,表示所有像素的输入与输出色调值相同。调整图像色调的过程就是通过调整曲线的形状来改变像素的输入和输出色调,从而改变整个图像的色调分布。

将曲线向上弯曲会使图像变亮,将曲线向下弯曲会使图像变暗。曲线上比较陡直的部分代表图像亮度最高的区域;相反,曲线上比较平缓的部分代表图像对比度较低的区域。

使用"通过绘制来修改曲线"工具 可以在曲线缩略图中手动绘制曲线,如下图所示。

为了精确地调整曲线,我们可以增加曲线后面的网格数,即按住Alt键单击缩略图,或者在"显示数量"选项区域中单击 按钮。

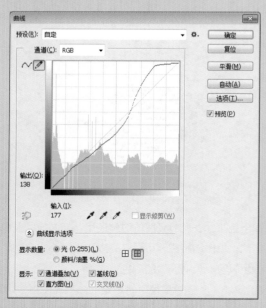

默认状态下,在"曲线"对话框中,移动曲线顶部的点主要是调整高光;移动曲线中间的点主要是调整中间调;移动曲线底部的点主要是调整暗调。

5.3.4 实例精讲：通过"曲线"命令调整照片色彩

要点：Photoshop可以调整图像的整个色调范围及色彩平衡，但它不是通过控制3个变量（阴影、中间调和高光）来调节图像的色调，而是对0到255色调范围内的任意点进行精确调节。下面讲解使用"曲线"命令调节图像，使照片的色彩更加亮丽的操作方法。

01 执行"文件>打开"命令，打开5-1.jpg素材文件。

02 执行"图像>模式>Lab颜色"命令，将图像色彩转换为Lab颜色模式，如下图所示。

04 选择"通道"为a，分别将曲线的两个端点向相反的方向调整两格，使曲线变得更陡。此时图像的整体颜色已经发生改变，如下图所示。

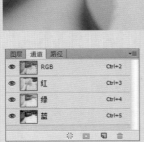 

03 执行"图像>调整>曲线"命令，或按下快捷键Ctrl+M，弹出"曲线"对话框，对曲线的"显示"选项进行参数设置。

05 选择"通道"为b，分别将曲线的两个端点向相反的方向调整两格，使曲线变得更陡。此时图像的整体色彩变得亮丽起来，如下图所示。

06 选择"通道"为"明度"，将曲线的右端点向左调整一格，提高图像对比度。此时图像整体色彩变亮。

07 执行"图像>模式>RGB颜色"命令，将图像模式转换为RGB颜色模式。

10 在"图层"面板中，将"背景拷贝"图层的混合模式设置为"叠加"。

11 此时，原图像应用了滤镜效果，制作出了水彩斑斓的图像效果，如下图所示。

08 在"图层"面板上将"背景"图层拖动到"创建新图层"按钮上。这样图层就被复制了，生成"背景拷贝"图层。

09 选择"背景拷贝"图层，执行"滤镜>风格化>查找边缘"命令，对图像进行边缘的线条描边，效果如下图所示。

案例总结：

本实例主要介绍了利用"曲线"命令调整图像颜色的操作过程，在制作过程中，我们应该合理调整曲线的形状，以改变图像的色彩。值得注意的是，在"曲线"对话框的"通道"下拉列表中，我们可以针对图像需要调整的颜色来选择通道（Lab颜色模式有：明度及a、b通道），这样可以更细化地改变图像色彩。

5.3.5 实例精讲：使用"色相/饱和度"命令制作彩图

要点："色相/饱和度"是进行图像色彩调整非常重要的命令，可以对色彩的三大属性：色相、饱和度（纯度）、明度进行修改。"色相/饱和度"命令的特点是既可以单独调整单一颜色的色相、饱和度和明度，也同时调整图像中所有颜色的色相、饱和度和明度。

01 执行"文件>打开"命令，打开5-2.jpg素材文件。

02 在工具箱中选择快速选择工具，将车身建立为选区，以便于我们对车身进行操作。

03 按下快捷键Ctrl+J，复制选区，得到"图层1"图层。

04 执行"图像>调整>色相/饱和度"命令，或按下快捷键Ctrl+U，打开"色相/饱和度"对话框。在对话框中设置相关参数，单击"确定"按钮，使选区内图像变为紫色。

05 选择"背景"图层，执行"图像>调整>色相/饱和度"命令，设置参数，使背景内的图像变为红色，然后单击"确定"按钮，查看调整后的图像效果。

5.3.6 实例精讲：使用"色彩平衡"命令制作艺术效果的照片

要点： "色彩平衡"命令是用来调整各种色彩平衡的功能，该命令将图像分为高光、中间调和阴影三种色调，我们可以调整其中一种或两种色调，也可以调整全部色调。本例将介绍利用"色彩平衡"命令制作艺术效果照片的操作方法。

01 执行"文件>打开"命令，打开5-3.jpg文件。

02 执行"图像>调整>去色"菜单命令，删除图像的彩色信息，使图像呈灰度效果。

04 在"图层"面板中，单击"创建新的填充或调整图层"按钮 ，在弹出的下拉菜单中选择"色彩平衡"命令，就会新建一个调整图层，设置相关参数之后，会影响到人物图像的色调。

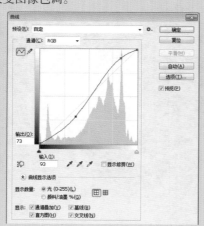

03 按下快捷键Ctrl+M，打开"曲线"对话框，调整曲线形状后，单击"确定"按钮，改变图像色调。

案例总结：

本实例主要介绍利用"色彩平衡"命令调整图像色彩的操作过程，在设置过程中，在"属性"面板的"色调"下拉列表中选择相关选项，然后再设置参数，这样可以对图像进行不同色度的调整。

修饰与润色图像

06

第6章

Photoshop 提供了多个照片修饰工具，主要包括污点修复画笔工具、修复画笔工具、修补工具以及红眼工具等。而模糊、锐化、涂抹、减淡、加深和海绵工具可以对照片进行润饰，改善图像的细节、色调、曝光以及色彩的饱和度。本章节要讲解图像的修饰与润色工具的应用。

主要内容

- 修复工具组
- 图章工具组
- 图像的润色

知识点播

- "仿制源"面板
- 内容感知移动工具
- 仿制图章工具
- 减淡和加深工具

6.1 图章工具组

图章工具组中包括仿制图章和图案图章两个工具。这两个工具的基本功能都是复制图像，但复制的方式不同。仿制图章工具对于复制对象或移去图像中的缺陷很有效果，图案图章工具可将图像复印到原图上，常用于复制大面积的图像区域。

图章工具组：复制特定区域内的图片或者制作纹理图案的时，经常使用这些工具。

仿制图章工具：使用仿制图章工具可以复制特定区域内的图像。
图案图章工具：应用图案图工具，可以将图片中的特定纹理复制下来。

6.1.1 "仿制源"面板

使用仿制图章工具或修复画笔工具时，可以通过"仿制源"面板设置不同的样本源、显示样本源的叠加，以帮助我们在特定的位置仿制源。还可缩放或旋转样本源以更好地匹配目标的大小和方向。

打开本书5-1-1.jpg素材文件，执行"窗口>仿制源"命令，打开"仿制源"面板，如下图所示。

❶ 仿制源：先单击仿制源按钮，使用仿制图章工具或修复画笔工具，按住Alt键在画面中单击，可设置取样点，如下图所示。再单击一个按钮，还可以继续取样。采用同样方法最多可以设置5个不同的取样源，"仿制源"面板会存储样本源，直到关闭文档。

❷ 位移：指定X和Y像素位移时，可在相对取样点的精确位置进行绘制。

❸ 缩放：输入W(宽度)或H（高度）值，可缩放仿制的源。默认情况下不会约束比例，如果要单独调整尺寸或恢复约束选项，可单击"保持长宽比"按钮。

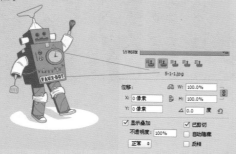

④ 旋转：在 ⊿ 文本框中输入旋转角度，可以旋转仿制的源，如下图所示。

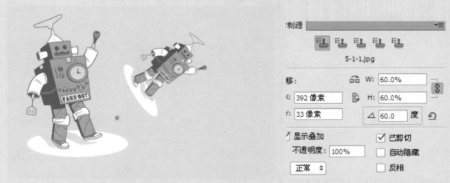

⑤ 翻转：单击 🔄 按钮，可以进行水平翻转；单击 📄 按钮，可进行垂直翻转，如下图所示。

⑥ 复位变换 ↺：单击该按钮，可以将样本源复位到其初始的大小和方向。

⑦ 帧位移/锁定帧：在"帧位移"数值框中输入帧数，可以使用与初始取样帧相关的特定帧进行绘制。输入正值时，要使用的帧在初始取样的帧之后；输入负值时，要使用的帧在初始取样的帧之前；如果勾选"锁定帧"复选框，则总是使用初始取样的相同帧进行绘制。

⑧ 显示叠加：勾选"显示叠加"复选框并指定叠加选项，可以在使用仿制图章或修复画笔工具时，更好地查看叠加以及下面的图像，如下图所示。其中，"不透明度"参数用来设置叠加图像的不透明度；勾选"已剪切"复选框，可将叠加剪切到画笔大小。

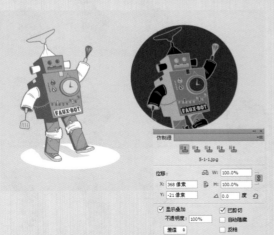

> ❗ **提示：巧妙地修饰视频或动画帧**
>
> 　　在Photoshop Extended中，可以使用仿制图章工具和修复画笔工具来修饰或仿制视频、动画帧中的对象。使用仿制图章对一个帧（源）的一部分内容取样，并在相同帧或不同帧（目标）的其他部分上进行绘制。要仿制视频帧或动画选项，并将当前时间指示器移动到包含要取样源的帧。

6.1.2　仿制图章工具的选项栏

仿制图章工具可以从图像中拷贝信息，将其应用到其他区域或者其他图像中。该工具常用于复制图像内容或去除照片中的缺陷。在仿制图章的工具选项栏中，除"对齐"和"样本"外，其他选项均与画笔工具相同，下面主要介绍一下该工具的参数设置。

- 对齐：勾选该复选框，可以连续对像素进行取样；取消勾选，则每单击一次鼠标，都使用初始取样点中的样本像素，因此，每次单击都被视为是另一次复制。
- 样本：用来选择从指定的图层中进行数据取样。如果要从当前图层及其下方的可见图层中取样，应选择"当前和下方图层"选项；如果仅从当前用图层中取样，可选择"当前图层"；如果要从所有可见图层中取样，可选择"所有图层"选项；如果要从调整图层以外的所有可见图层中取样，可选择"所有图层"选项，然后单击选项右侧的忽略调整图层按钮 。
- 切换仿制源面板 ：单击该按钮，可以打开或关闭"仿制源"面板。
- 切换画笔面板 ：单击该按钮，可以打开或关闭"画笔"面板。

> **！ 提示：光标中心十字线的用处**
>
> 使用仿制图章工具时，按住Alt键在图像中单击，定义要复制的内容（称为"取样"），然后将光标放在其他位置，放开Alt键拖动鼠标涂抹，即可将复制的图像应用到当前位置。与此同时，画面中会出现一个圆形光标和一个十字形光标，圆形光标是我们正在涂抹的区域，而该区域的内容则是从十字形光标所在位置的图像上拷贝。在操作时，两个光标始终保持相同的距离，我们只要观察十字形光标位置的图像，便知道将要涂抹出什么样的图像内容了。

6.1.3　实例精讲：使用图案图章工具制作寸照集

要点：图案图章工具常用于复制预先定义好的图案。使用图案图章工具可以利用图案进行绘画，通过拖动鼠标填充图案，在背景图片的制作过程中经常使用该工具。

01 执行"文件>打开"命令，打开6-1.jpggxs素材图片。

02 执行"图像>调整>亮度/对比度"命令，在打开的对话框中设置参数后单击"确定"按钮，使图像变亮，如下图所示。

03 设置背景色为白色，然后按下快捷键Ctrl+A，将图像全部作为选区。

04 执行"编辑>变换"命令，选区四周会出现八个控制手柄，按住Shift键拖动四周节点，使图像等比例缩小，按Enter键确认，再取消选区，这样就会使图像的四周出现一个白色边框。

05 执行"编辑>定义图案"命令，在弹出的对话框中将"名称"命名为"人物"，然后单击"确定"按钮，就会将该图像添加到图案样式中，如下图所示。

06 按下快捷键Ctrl+N，在弹出的"新建"对话框中设置相关参数，单击"确定"按钮，新建一个空白文档，如下图所示。

07 在工具箱中选择图案图章工具，然后在选项栏中设置相关参数，并在"图案"下拉列表中选择"人物"图案。

08 在文档中拖动鼠标，即可绘制出连续的人像照片，这样就可以简单地制作出一张寸照集，如下图所示。

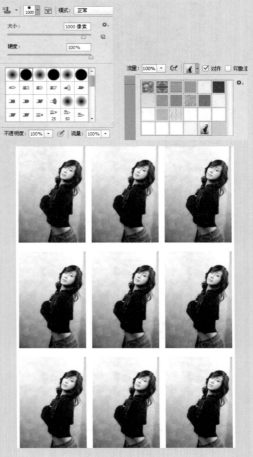

6.1.4 实例精讲：使用仿制图章工具去除黑痣

要点：仿制图章工具可以从图像中拷贝信息，将其应用到其他区域或者其他图像中。该工具常用于复制图像内容或去除照片中的缺陷。在本范例中，我们将介绍如何使用图章工具去掉人物面部的黑痣。

01 执行"文件>打开"命令或按下快捷键Ctrl+O，打开6-2.jpg素材图片。

02 利用缩放工具将人物面部放大，然后在工具箱中选择仿制图章工具 ，并在选项栏中设置相关参数。

03 按住Alt键单击人物脸部黑痣旁边进行取样，在黑痣部分单击将其替换，可反复单击直到黑痣被消除。

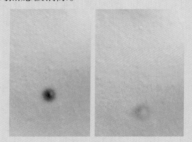

04 然后查看去除人物面部黑痣后的效果，如下图所示。

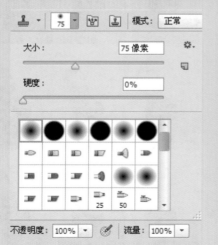

案例总结：

本实例主要介绍了利用仿制图章工具去除人物脸部黑痣的方法。在操作过程中，需要结合Alt键在要进行修补图像的周围取样，然后再进行修补，其操作方法与使用修复画笔工具相似。

6.2 修复工具组

我们经常会看到一些有瑕疵的照片，如果想将它们焕然一新，可以通过Photoshop所提供的命令和工具对不完美的图像进行修复，使之达到一定的美感。Photoshop CC 2019提供了多个修复照片的工具，包括污点修复画笔工具、修复画笔工具、修补工具、内容感知移动工具以及红眼工具，使用这些工具可以快速修复图像中的污点和瑕疵。

修复工具组：常用于对图像进行修饰或者消除红眼现象。		污点修复画笔工具：快捷键为J 修复画笔工具：快捷键为J 修补工具：快捷键为J 内容感知移动工具：快捷键为J 红眼工具：快捷键为J

6.2.1 实例精讲：使用污点修复画笔工具美化人物肤色

要点：污点修复画笔工具 可以快速去除照片中的污点、划痕和其他不理想的部分。它与修复画笔工作使用方式类似，也是使用图像或选中的样本像素进行绘画，并将样本像素的纹理、光照、透明度和阴影与所修复的像素相匹配。但修复画笔要求制定样本，而污点修复画笔可以自动从所修饰区域的周围取样。

01 执行"文件>打开"命令，打开6-3.jpg人物图片。选择工具箱中的快速选择工具，将人物脸部建立为选区，按下快捷键Ctrl+J，复制选区，得到"图层1"图层，如右图所示。

02 执行"图像>调整>可选颜色"命令，弹出"可选颜色"对话框，在"颜色"下拉列表中选择"红色"，调整参数之后，单击"确定"按钮，如下图所示。

04 在工具箱中选择污点修复画笔工具，在选项栏中设置参数之后，在人物脸部合适的部位单击，就会自动从所修饰区域的周围取样，改善人物的皮肤。

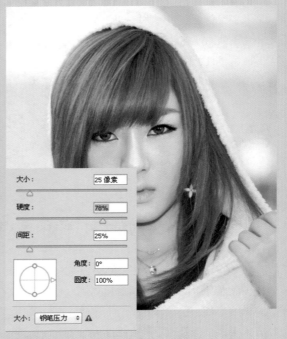

03 执行"图像>调整>曲线"命令，在弹出的"曲线"对话框中设置参数，图像效果如下图所示。

05 执行"图像>调整>可选颜色"命令，弹出"可选颜色"对话框，在"颜色"下拉列表中选择"中性色"选项，调整参数之后，单击"确定"按钮，图像效果如下图所示。

6.2.2 实例精讲：使用修复画笔工具修复照片

要点：修复画笔工具 ✎ 可用于消除并修复瑕疵，使图像完好如初。与仿制图章工具一样，使用该工具可以利用图像或图案中的样本像素来绘画。但是修复画笔工具可将样本像素的纹理、光照、透明度和阴影等与源像素进行匹配，从而使修复后的像素不留痕迹地融入图像的其他部分。

01 按下快捷键Ctrl+O，打开6-4.jpg人物图片，然后在工具箱中选择修复画笔工具 ✎，并在选项栏中设置各项参数，如下图所示。

03 按照同样的方法，多次改变取样点进行图像修饰，使人物皮肤变得平滑，如下图所示。

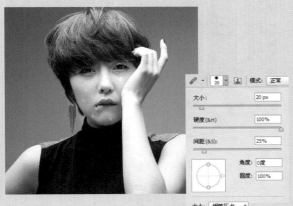

04 执行"图像>调整>色彩平衡"命令，在打开的对话框中设置相关参数，使图像色彩更加鲜亮。

02 按住Alt键并单击鼠标左键，以复制图像的起点，在需要修饰的地方单击并拖曳鼠标，如下图所示。

⚠ 提示：**正确选择修复工具**

在对照片进行修复，特别是针对人物的面部进行修复时，修复画笔工具的效果要远远好于仿制图章工具。

6.2.3 实例精讲：使用修补工具复制图像

要点：修补工具 🔘 可以说是修复画笔工具的一个补充。使用修补工具可以用其他区域或图案中的像素来修复选中的区域，并将样本像素的纹理、光照和阴影与源像素进行匹配。该工具的特别之处是需要用选区来定位修补范围。本例主要讲解利用修补工具复制图像的过程。

01 执行"文件>打开"命令，打开6-5.jpg素材图片。

02 选择工具箱中的修补工具 🔘 ，在工具栏中将"修补"设置为"目标"，在画面中单击并拖动鼠标创建选区，将图像中的船设置为选区，如下图所示。

03 将光标放在选区内，单击并向左下角拖动复制图像，然后按下快捷键Ctrl+D，取消选择，如下图所示。

04 如果我们利用修补工具设置选区之后，在选项栏中选择"源"单选按钮，然后再拖动鼠标，即可将选区中的图像删除，效果如下图所示。

> ⓘ 提示：**巧妙地运用修补工具**
>
> 在进行图像修复时，我们可以用矩形选框工具、魔棒工具或套索等工具创建选区，然后用修补工具拖动选区内的图像进行修补。

6.2.4 实例精讲：使用内容感知移动工具复制图像

要点：内容感知移动工具既可以对选区内的图像进行移动，也可以复制选区内的图像，和修补工具的用法相似。本实例主要讲解了利用该工具复制图像的制作过程，具体操作方法如下。

Before

After

01 按下快捷键Ctrl+O，打开6-6.jpggxs素材图片。

02 选择工具箱中的内容感知移动工具 ☒，在选项栏中设置相关参数，将"模式"设置为"移动"，然后用该工具将图像背景中的树叶设置为选区，如下图所示。

04 如果将"模式"设置为"扩展"，然后再将选区拖动到其他位置，即可发现树叶被复制了，取消选区。我们可以重复该操作，图像效果如下图所示。

03 按住鼠标左键将选区向图像的右上角拖动，至合适位置之后释放鼠标，再按下快捷键Ctrl+D，取消选区，就可将树叶移至其他位置，如下图所示。

案例总结：

本实例介绍了利用内容感知移动工具移动和复制图像的操作过程，其操作方法与修补工具相似，应注意的是，在操作之前应该正确设置选项栏中的参数。

6.2.5 各项修复工具的选项栏

1. 污点修复画笔工具选项栏

- 模式：用来设置修复图像时使用的混合模式。除"正常"或"正片叠底"等常用模式外，该工具还包含一个"替换"模式。选择该模式时，可以保留画笔描边的边缘处杂色、胶片颗粒和纹理。
- 类型：用来设置修复方法。选择"内容识别"选项，可使用选区周围的像素进行修复；选择"创建纹理"选项，可以使用选区中的所有像素创建一个用于修复该区域的纹理，如果纹理不起作用，可尝试再次拖过该区域；选择"近似匹配"选项，可以使用选区边缘周围的像素来查找要用作选定区域修补的图像区域，如果该选项的修复效果不能令人满意，可还原修复并尝试使用"创建纹理"选项。
- 对所有图层取样：如果当前文档中包含多个图层，勾选该复选框后，可以从所有可见图层中对数据进行取样；取消勾选，则只从当前图层中取样。

2. 修复画笔选项栏

- 模式：在下拉列表中可以设置修复图像的混合模式。"替换"是比较特殊的模式，可以保留画笔描边边缘处的杂色、胶片颗粒和纹理，使修复效果更加真实。
- 源：设置用于修复像素的源。选择"取样"选项，可以从图像的像素上取样；选择"图案"选项，则可在图案下拉列表中选择一个图案作为取样，效果类似于使用图案图章工具绘制的图案效果。

3. 修补工具选项栏

- 选区创建方式：单击"新选区"按钮，可创建一个新的选区，如果图像中包含选区，则原选区将被新选区替换；单击"添加到选区"按钮，可以在当前选区的基础上添加新的选区；单击"从选区减去"按钮，可以在原选区中减去当前绘制的选区；单击"与选区交叉"按钮，可得到原选区与当前创建的选区相交部分。
- 透明：勾选该复选框后，可以使修补的图像与原图像产生透明的叠加效果。
- 修补：用来设置修补方式。如果选择"源"选项，当选区拖至要修补的区域以后，放开鼠标就会用当前选区中的图像修补原来选中的内容；如果选择"目标"选项，则会将选中的图像复制到目标区域。
- 使用图案：在图案下拉面板中选择一个图案后，单击该按钮，可以使用图案修补选区内的图像。

4. 内容感知移动工具选项栏

内容感知移动工具可快速重组影像，不需透过复杂的图层作业或缓慢、精确的选取动作。延伸模式可以栩栩如生地膨胀或收缩头发、树木或建筑等物件。移动模式可将物件置入完全不同的位置（背景保持相似时最为有效）。

- 模式：下拉列表中有"移动"和"扩展"两个选项可供选择。如果选择"移动"选项，再将选区内的图像拖曳到其他位置，则原选区位置的图像会自动从选区周围的图像上取样，然后填充选区；选择"扩展"选项，可将选区内的图像复制到其他位置。
- 结构、颜色：这些选项可控制新区域反射现有影像图样的接近程度。

5. 红眼工具选项栏

- 瞳孔大小：可设置瞳孔（眼睛暗色的中心）的大小。
- 变暗量：用来设置瞳孔的暗度。

07

第 7 章

绘画功能

  Photoshop CC在图像创作方面有着非常强大的功能，它在色彩设置、图像绘制、图像变换等方面有着无可比拟的优势。本章将从绘画图像、清除图像、还原图像三方面来讲解，三部分内容既有明显区别，又密切相关，在绘制图像的过程中经常会结合使用，从而绘制出漂亮的效果。

主要内容

- 画笔工具组的应用
- 橡皮擦工具组的应用

知识点播

- 画笔工具
- 画笔工具的选项栏
- 橡皮擦工具
- 背景橡皮擦工具

7.1 画笔工具组

在Photoshop中，绘图工具组包括画笔工具、铅笔工具、颜色替换工具和混合器画笔工具，每个工具都有各自的优势，在应用的时候应该正确选择相关工具。在本节中，我们将学习画笔工具组中工具的用法。

7.1.1 实例精讲：选择合适的画笔笔触

1. 使用画笔工具制作笔触

01 使用画笔的时候，先要在图层中单击"创建新图层"按钮 🖻，然后选择画笔工具，在选项栏中单击笔刷项下拉按钮 ，选择"散布枫叶"画笔样式。

02 将画笔的大小设置为150px，设置不透明度为80%。

03 单击工具箱的"前景色"色块，在弹出的"拾色器（前景色）"对话框中，设置颜色参数分别为：R:255、G:184、B:71，然后单击"确定"按钮。

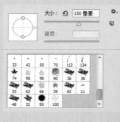

04 在画面上连续单击，就可绘制出树叶的形状。

05 继续单击笔刷项的下拉按钮 ，在弹出的下拉菜单中，选择画笔形态，如图所示。

06 设置前景色为R:140、G:222、B:213，并在图像上继续新建一个图层，单击或拖曳鼠标绘制图像。如果对图像效果不满意，我们还可以设置其他画笔笔触和颜色。

2. 自定义画笔形状

01 打开一个图像，然后在工具箱中选择魔棒工具，在选项栏中单击"添加到选区"按钮，将背景设置为选区。

02 执行"选择>反向"命令，或按下快捷键Shift+F7，对选区进行反选，将图像作为选区。

> ⓘ **提示："反向"和"反相"命令的区别**
>
> "选择>反向"命令，可以对选区进行反向选择。而"图像>调整>反相"命令（快捷键Ctrl+I），则是用于翻转选区颜色。

03 接下来，我们将选区设置为画笔。执行"编辑>定义画笔预设"命令，在弹出的"画笔名称"对话框中，设置名称为"饼干"，然后单击"确定"按钮。

04 选择画笔工具，在选项栏中单击笔刷选项右侧的下拉按钮，在弹出的下拉菜单中，选择卡通画笔。

05 单击"前景色"色块，设置颜色值分别为：R:244、G:58、B:163。在新图像上面拖动画笔，进行绘制，同时也可改变画笔的大小与前景色。

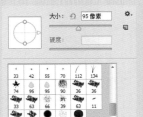
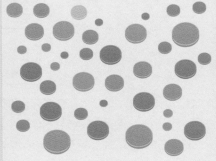

7.1.2 画笔工具的选项栏

选择画笔工具后，图像窗口上端会显示出画笔工具的选项栏，如图所示。

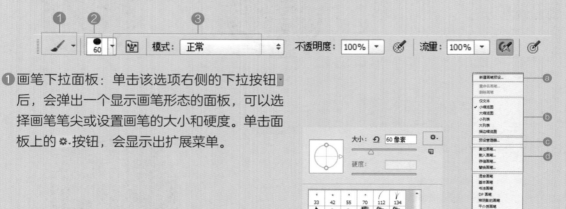

❶ 画笔下拉面板：单击该选项右侧的下拉按钮
后，会弹出一个显示画笔形态的面板，可以选
择画笔笔尖或设置画笔的大小和硬度。单击面
板上的 ✿.按钮，会显示出扩展菜单。

ⓐ 新建画笔预设：这是创建新画笔的命令，选择该命令会弹出"画笔名称"对话框，输入画笔名
称，然后单击"确定"按钮，载入画笔。

ⓑ 这是选择画笔的形式的命令。默认设置为小缩览图显示，以下是其他显示画笔的形式。

| 仅文本 | 大缩览图 | 小列表 | 大列表 | 描边缩览图 |

ⓒ 预设管理器：选择该命令，会弹出"预设管理器"对话框。在这里，可以选择并设置Photoshop提
供的多种画笔。单击"载入"按钮后，在弹出的载入对话框中选择画笔库，然后单击"载入"按钮。

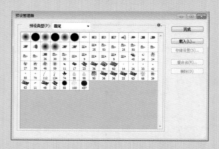

ⓓ 这是复位画笔、载入画笔、存储画笔以及替换画笔的相关命令。执行复位画笔命令后，会弹出
一个对话框，询问是否替换当前的画笔。单击"确定"按钮后，就会被新画笔替代，如果单击
"取消"按钮，则会把新画笔添加到当前设置的画笔项上。

ⓔ 显示当前Photoshop提供的各类画笔。

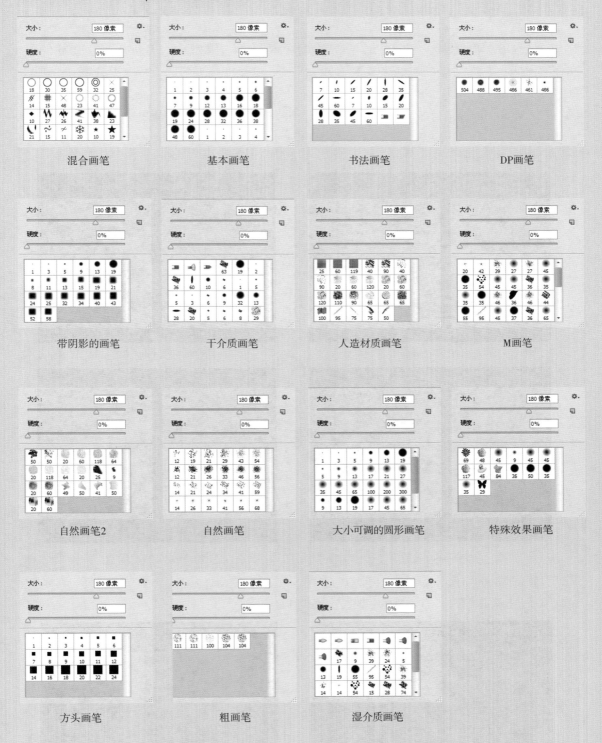

② 切换到画笔调板:在画面上显示画笔面板。

③ 模式:该下拉列表中提供了画笔和图像的合成效果选项,一般叫作混合模式,可以在图像上应用独特的画笔效果。

精通 案例：画笔使用过程中的快捷操作

我们在使用画笔工具的时候，关于笔刷调整，用过PS的人基本上都知道几个快捷键，比如使用Ctrl+[、Ctrl+]组合键调整笔刷大小等，这次我们要学习的方法比使用快捷键更加便捷，不但可以对笔刷的大小调整，连同硬度和颜色都可以在画布中完成调整。

01 在画布中按住Alt+鼠标右键，此时在画布上会出现一个红色的圆点，圆点代表了笔刷的大小和硬度（越实越硬，越虚越软）。拖动鼠标进行左右平移，可以调整笔刷的大小；上下拖动鼠标，可以调整笔刷的硬度，如下图所示。

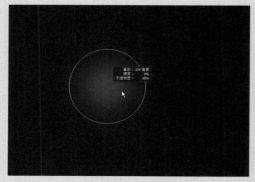
笔刷直径为224像素

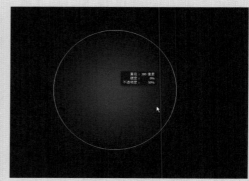
笔刷直径为380像素

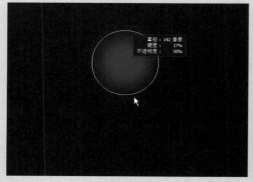
笔刷硬度为17%

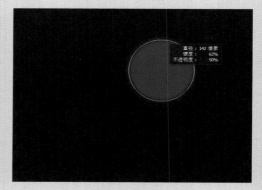
笔刷硬度为62%

02 按住Alt+Shift+鼠标右键，此时会发现光标旁出现了一个色彩选取框，没错！现在您可以调节颜色了！按住右键不放，移动鼠标到想要的颜色上即可。

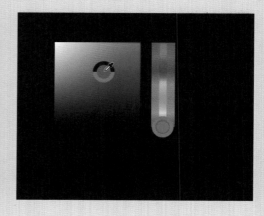

7.1.3 实例精讲：使用画笔工具为人物化妆

要点：无论是在绘制图像、使用蒙版还是利用通道抠图，画笔工具都是非常常用的工具。只要我们在选项栏中设置合适的参数，就可以随心所欲地绘制，本例将讲解利用画笔工具模仿眼影笔，为人物绘制美丽的眼影效果。

Before

After

01 执行"文件>打开"命令，打开7-2.jpg文件，在工具箱中选择画笔工具 ✎，然后在选项栏中设置相关参数。

02 单击设置前景色按钮■，打开"拾色器（前景色）"对话框，设置前景色为R:53、G:128、B:7，然后单击"确定"按钮。

03 执行"图层>新建>图层"命令，在弹出的"新建图层"对话框中设置新建图层参数后，单击"确定"按钮，新建一个空白图层。

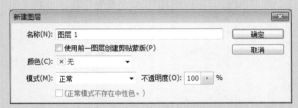

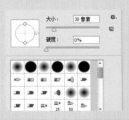

提示：绘制特殊的笔触路径

在使用画笔工具的过程中，按住Shift键可以绘制水平、垂直或者以45°为增量角的直线；如果在确定起点后，按住Shift键单击画布中的任意一点，则两点之间以直线相连接。

04 利用已经设置好参数的画笔工具在"图层1"图层上涂抹，绘制人物的眼影为绿色。

05 按照同样的方法可以反复涂抹，在涂抹的过程中，可以根据需要调整画笔的大小、笔刷硬度以及不透明度等参数。

06 设置该图层的混合模式为"颜色加深"，使其更好地与皮肤融合，并且能够表现出彩妆的亮度，效果如下图所示。

07 单击"图层"面板下方的"创建新图层"按钮，在最上层新建一个"图层2"图层。

08 设置前景色为R:113、G:17、B:85，然后选择画笔工具，在选项栏中设置相关参数后，在人物眼睛上面绘制暗红色的眼影，如下图所示。

09 设置该图层的混合模式为"强光"、不透明度为80%，使眼影看起来更加逼真，效果如下图所示。

⚠️ 提示：画笔颜色的设置

当不需要准确设置画笔颜色的时候，我们可以不采用在"拾色器"对话框设置颜色，而是在画面中找到合适的颜色，使用吸管工具单击，便可以得到想要的颜色。

10 再次新建一个图层，设置前景色为R:0、G:85、B:164，设置画笔参数，在下眼睑部分绘制眼影，最后设置该图层的混合模式为"减去"、不透明度为90%，效果如下图所示。

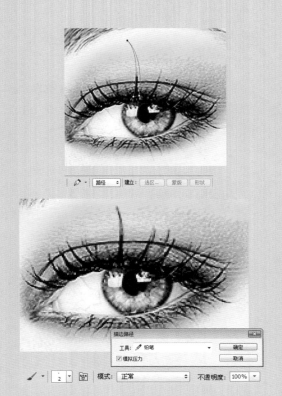

11 将"图层1"、"图层2"和"图层3"选中，按下快捷键Ctrl+G，新建组并命名为"左眼"。同样的方法再新建一个组，命名为"右眼"。

12 按照同样的方法，为人物的右眼添加同样色调的眼影，效果如图所示。

15 按照同样的方法绘制其他睫毛，并将睫毛图层和背景图层合并。此外，我们还可以利用画笔工具添加腮红效果，为人物添加彩妆效果。

13 新建一个空白图层，在工具箱中选择钢笔工具，在选项栏中设置参数之后，绘制出睫毛形状的路径。

14 设置前景色为黑色，并且设置画笔的参数，切换到"路径"面板，单击控制按钮，在弹出的控制菜单中选择"描边路径"命令，在弹出的"描边路径"对话框中设置参数后，按下Enter键。

案例总结：

　　本实例主要介绍利用画笔工具为人物添加彩妆的操作过程，在制作过程中，每添加一种效果最好新建一个图层，便于修改绘制时出现的错误。在绘制时，必须在选项栏中合理设置画笔参数。

7.1.4　铅笔工具

铅笔工具也是使用前景色来绘制线条的，它与画笔工具的区别是：画笔工具可以绘制带有柔边效果的线条，而铅笔工具只能绘制硬边线条。下图为铅笔工具的工具选项栏，除"自动抹除"功能外，其他选项均与画笔工具相同。

1. "自动抹除"复选框

勾选该复选框后，开始拖动鼠标时，如果光标的中心在包含前景色的区域上，可将该区域涂抹成背景色。如果光标的中心在不包含前景色的区域上，可将该区域涂抹成前景色，如下图所示。

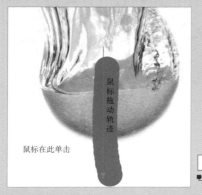

2. 铅笔工具的主要用途

如果用缩放工具放大观察铅笔工具绘制的线条就会发现，线条边缘呈现清晰地锯齿。现在非常流行的像素画，便主要是通过铅笔工具绘制成的，并且需要出现种种锯齿效果。

> **提示：绘画与绘图的区别**
>
> 在Photoshop中，绘画与绘图是两个截然不同的概念，绘画是绘制和编辑基于像素的位图图像，而绘图则是使用矢量工具创建和编辑矢量图形。

> **提示：铅笔工具和画笔工具的异同**
>
> 铅笔工具绘制出来的图像比较生硬，有锯齿感；而画笔工具画出来的线条是软边。在使用这两个工具时，同时按住Alt键可以取色。

Photoshop 精通 | 如何避免锯齿

我们在自由变换旋转图像的时容易产生锯齿，如果倾斜老是产生锯齿，可以试试-33.6度的方法，下图是这种方法的对比效果。

锯齿比较明显

锯齿变小

Photoshop 精通 | 使用铅笔工具绘制直线

我们在使用绘画工具的时候，想画一条直线却总是画不直，其实只要一个快捷键就可以便捷地画好想要的直线，下面就来介绍使用绘画工具画直线的方法。

不按Shift键时线不直

按住Shift键画横线

按住Shift键画竖线

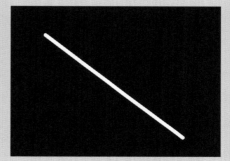

按住Shift键画45°斜线

精通　渐隐画笔工具的用法

我们在Photoshop中为图像添加各种效果时，往往会因为没有把握好参数力度等原因，导致添加的效果不理想。这时重新制作的话就会显得很麻烦，下面我们就来介绍使用渐隐工具进行补救的方法。

渐隐工具可以改变绘图（包括用毛笔、铅笔、喷枪、橡皮工具画的东西）的透明度。首先，画上一笔，然后在"编辑"菜单的下面会出现"渐隐X"命令（X取决于刚刚选的是哪个工具绘制），出现"渐隐"对话框，即可以改变上一笔的透明度了。

原图

使用渐隐工具后

7.2　橡皮擦工具组

在绘制图像时，有些多余的部分可以通过擦除工具将其擦除。此外，使用擦除工具还可以操作一些图像的选择和拼贴。Photoshop中包含三种类型的擦除工具：橡皮擦、背景橡皮擦和魔术橡皮擦。后两种橡皮擦工具主要用于抠图（去除图像的背景），而橡皮擦工具则会因设置的选项不同，具有不同的用途。

| 清除工具：清除颜色或者以特定颜色为基准执行删除操作。 | ■ ✎ 橡皮擦工具　E
✎ 背景橡皮擦工具　E
✎ 魔术橡皮擦工具　E | 橡皮擦工具：捷键为E
背景橡皮擦工具：快捷键为E
魔术橡皮擦工具：快捷键为E |

7.2.1　橡皮擦工具

橡皮擦工具 ✎ 可以擦除图像下图为它的工具选项栏。如果处理的是"背景"图层或锁定了透明区域（单击"图层"面板中的 ▣ 按钮）的图层，涂抹区域会显示为背景色；处理其他图层时，可擦除涂抹区域的像素。

处理背景图层   处理其他图层

① 模式：可以选择橡皮擦的种类。选择"画笔"选项，可创建柔边擦除效果，如下左图所示；选择"铅笔"选项，可创建硬边擦除效果，如下中图所示；选择"块"选项，可擦除的效果形状，如下右图所示。

② 不透明度：用来设置工具的擦除强度，100%的不透明度可以完全擦除像素，较低的不透明度可以将部分擦除像素。将"模式"改为"快"时，不能使用该选项。

③ 流量：用来控制工具的涂抹速度。

④ 抹到历史记录：与历史记录画笔工具的作用相同。勾选该复选框后，在"历史记录"面板选择一个状态后快照，在擦除时，可以将图像恢复为指定状态。

7.2.2 实例精讲：利用背景橡皮擦工具擦除图像背景

要点：背景橡皮擦工具是一种智能橡皮擦，它可以自动采集画笔中心的色样，同时删除在画笔内出现的这种颜色，使擦除区域成为透明区域。本例将介绍利用背景橡皮擦工具擦除人物背景，为其更换其他背景的制作方法。

① 利用背景橡皮擦工具抠取人像；

② 调整图像的大小、位置和方向等属性。

01 执行"文件>打开"命令或按下快捷键Ctrl+O，打开7-3.jpg素材文件。

02 在工具箱中选择背景橡皮擦工具 ，在选项栏中设置参数，如下图所示。

03 将光标放在靠近人物的背景图像上，光标会变为圆形，图形中心有一个十字线，在擦除图像时，Photoshop会采集十字线位置的颜色，并将出现在圆形区域内的类似颜色擦除。单击并拖动鼠标即可擦除背景，如下图所示。

04 打开一个背景文件，使用移动工具将去除背景的人物拖入该文件中，按下快捷键Ctrl+T，调整图像位置与大小，效果如下图所示。

案例总结：

　　背景橡皮擦工具是抠选图像的常用工具，利用该工具擦除图像背景选取图像时，被擦除的背景最好与主体图像的颜色有所差异。本实例主要介绍了利用该工具为人物更换背景的操作过程。

Photoshop 精通　恢复使用橡皮擦工具擦除的图像

　　在Photoshop中，橡皮擦工具是一个使用频率颇高的工具，在使用的时候，按住Alt键即可将使用橡皮擦的操作恢复到指定的步骤记录状态，相当于令图像恢复到未被擦除时的状态。

　　在使用橡皮擦工具时，按住Alt键可将橡皮擦功能切换成恢复到指定的步骤记录状态。

原图　　　　　　　　　　使用橡皮擦工具后　　　　　　　　　　按下Alt键恢复擦除部分

7.2.3 实例精讲：利用魔术橡皮擦工具更换图像背景

　　要点：使用魔术橡皮擦工具时，如果在带有锁定透明区域的图层中工作，像素会更改为背景色；否则选择像素会被抹为透明。我们可以选择性仅抹除当前图层上的临近像素，或当前图层上的所有相似像素。在本范例中，将使用橡皮擦工具，为人物更换渐变的背景。

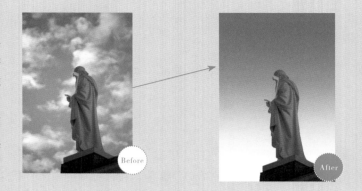

01 按下快捷键Ctrl+O，打开7-5.jpg素材文件。

02 在工具箱中鼠标右键单击橡皮擦工具，在弹出的隐藏工具列表中选择魔术橡皮擦工具。

03 单击人物的背景部分，我们可以看到背景被删除，只留下人物图像。

04 选择魔棒工具，在图像的透明区域单击，将其作为选区载入。然后选择渐变工具，设置渐变色为蓝色到白色的线性渐变，然后在选区中拖动鼠标，填充选区，使图像由昏暗的天空变为晴朗的天空效果。

案例总结：
　　背景橡皮擦工具是抠选图像的常用工具，利用该工具擦除图像背景选取图像时，被擦除的背景最好与主体图像的颜色有所差异。本实例主要展示了利用该工具为人物更换背景的操作过程。

7.2.4　背景橡皮擦工具和魔术橡皮擦工具的选项栏

学习了背景橡皮擦工具和魔术橡皮擦工具的使用方法之后，下面主要对两者选项栏中的参数设置加以具体介绍。

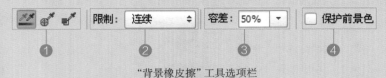

"背景橡皮擦"工具选项栏

❶ 取样：用来设置取样方式。单击"取样：连续"按钮 ，在拖动鼠标时可吸取对颜色取样，凡是出现在光标中心十字线内的图像都会被擦除；单击"取样：一次"按钮 ，只擦除包含第一次单击点颜色的图像；单击"取样：背景色板"按钮 ，只擦除包含背景色的图像，如图所示。

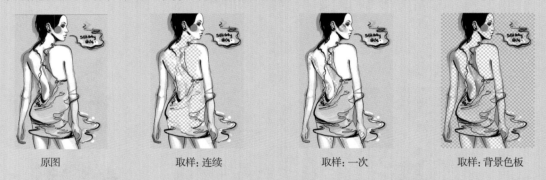

| 原图 | 取样：连续 | 取样：一次 | 取样：背景色板 |

❷ 限制：定义擦除时的限制模式。选择"不连续"选项，可擦除出现在光标下任何位置的样本颜色；选择"连续"选项，只擦除包含样本颜色并且相互连接的区域；选择"查找边缘"选项，可擦除包含样本颜色的连续区域，同时更好地保留形状边缘的锐化程度。

❸ 容差：用来设置颜色的容差范围。低容差仅限于擦除与样本颜色非常相似的区域，高容差可擦除范围更广的颜色。

❹ 保护前景色：勾选该复选框，可防止擦除与前景色匹配的选区。

"魔术橡皮擦"工具选项栏

❶ 容差：用来设置可擦除的颜色范围。低容差值会擦除颜色值范围内与单击点像素非常相似的像素，高容差值可擦除范围更广的像素。

❷ 消除锯齿：勾选该复选框，可以使擦除区域的边缘变得平滑。

❸ 连续：勾选该复选框，只擦除与单击点像素临近的像素；取消勾选时，可擦除图像中所有相似的像素。

❹ 对所有图层取样：勾选该复选框，对所有可见图层中的组合数据来采集抹除色样。

❺ 不透明度：用来设置擦除强度，100%的不透明度将完全擦除像素，较低的不透明度可部分擦除像素。

7.3 历史记录画笔工具组

历史记录画笔工具组包括历史记录画笔工具和历史记录艺术画笔工具。和指定区域的操作相比，应用修饰工具能够更加自然地表现图像的内容，这些修饰工具用于给图片加入绘画风格的特效修饰。

历史记录画笔工具组中的两个画笔是与历史记录面板结合使用的，其共同特点是将图像的局部恢复至某一特定的历史操作状态。历史记录艺术画笔工具可以使指定历史状态或快照作为绘画的源来绘制各种艺术效果的笔触。两者的功能基本相同，区别在于使用历史记录艺术画笔时，可以选择一种艺术笔触绘制出颇有艺术风格的作品。

应用历史记录画笔工具组中的工具，可以为图片加入独特的画笔特效或者复原为原图。	・ 🖌 历史记录画笔工具　　　　Y 　 🖌 历史记录艺术画笔工具　　Y	历史记录画笔工具: 快捷键Y 历史记录艺术画笔工具: 快捷键Y

 ## 7.3.1 历史记录画笔工具组的选项栏

1. 历史记录画笔工具

❶ 模式：用于设置图像的混合模式，指定原图像和另一个合成图像的合成方式。

❷ 不透明度：调整颜色的不透明度，值越大，越透明。

❸ 流量：指定应用画笔的密度选项，与不透明度选项有相似的处理效果。不同之处在于，此选项将调整油墨的喷绘程度。

❹ 喷枪：将历史记录画笔转换为喷枪功能。

2. 历史记录艺术画笔工具

❶ 模式：选择历史记录艺术画笔工具的绘图模式，如果选择"正常"选项，将根据绘图样式在原图中应用画笔。

❷ 样式：用于选择控制绘画描边的形状，包括"绷紧短""绷紧中"和"绷紧长"等选项。

❸ 区域：用来设置绘画描边所覆盖的区域，该值越高，覆盖的区域越大，描边的数量也越多。

❹ 容差：该值可以限定可应用绘画描边的区域。低容差值用于在图像中的任何地方绘制无数条描边，高容差值会将绘画描边限定在与源状态或快照中的颜色明显不同的区域。

7.3.2　实例精讲：使用历史记录画笔工具恢复图像局部色彩

要点：历史记录画笔工具 ✐ 可以
将图像恢复到编辑过程中的某一步骤状
态，或者将部分图像恢复为原样。该工
具需要配合"历史记录"面板一同使
用。本实例主要介绍如何应用历史记录
画笔工具恢复图像的局部色彩。

01 执行"文件>打开"命令，打开7-6.jpg素材文
件，按下快捷键Ctrl+J，执行拷贝图层操作，
得到"图层1"图层，如下图所示。

03 使用历史记录画笔工具涂抹图像的背景，即
可将其恢复到"通过拷贝的图层"时的彩色
图像状态，图像效果如下图所示。

02 按下快捷键Ctrl+B，打开"色彩平衡"对话
框，设置相关参数，调整图像色彩。在"历
史记录"面板中选择想要将部分内容恢复到哪一个操
作阶段的效果（或者恢复为原始图像），即在"历史
记录"面板中该操作步骤前面单击，步骤前面会显示
历史记录画笔的源 ✐ 图标。

案例总结：

　　本例主要讲解了利用历史记录画笔工具恢复局部图像的操作过程，首先对打开的图像进行整体色彩调
整，然后设置历史记录画笔工具的笔刷参数，在图像局部涂抹即可恢复图像的原状。

08

第8章

路径与矢量图形

在 Photoshop 中，我们经常使用钢笔工具绘制不同的路径，同时，Photoshop 软件中还包含了矩形工具、椭圆工具和自定形状工具等一些特殊的矢量图形工具，使用这些工具，可以很方便地绘制出想要的图形。使用矢量图形工具绘制路径后，我们还可以根据需要对路径进行编辑，本章主要讲解路径的基本知识、路径和锚点的特征、路径填充以及路径编辑的相关知识。

主要内容

- 绘图模式
- 路径与锚点的特征
- "路径"面板
- 编辑和绘制路径

知识点播

- 认识路径与锚点
- 创建与存储路径
- 钢笔工具
- 编辑路径

8.1 了解绘图模式

在Photoshop中使用矢量图形绘制工具可以创建不同类型的图形，包括形状图层、工作路径和像素图形。选择一个矢量工具后，需要先在工具选项栏中单击相应的按钮，指定一种绘制模式，然后才能绘图。下图为钢笔工具的选项栏中包含的绘制模式按钮。

1. 形状图形

选择形状后，可以单独在形状图层中创建形状。形状图层由填充区域和形状两部分组成，填充区域定义了形状的颜色、图案和图层的不透明度；形状则是一个矢量蒙版，它定义了图像显示和隐藏区域。形状是路径，它出现在"路径"面板中，如下图所示。

2. 工作路径

选择路径后，可以创建工作路径，它出现在"路径"面板中。工作路径不仅可以转换为选区、创建矢量蒙版，也可以填充和描边，从而得到光栅效果的图像，如下图所示。

3. 填充区域

选择像素后，可以在当前图层上绘制栅格化的图像（图形的填充颜色为前景色）。由于不能创建矢量图形，因此"路径"面板中也不会有路径，如下图所示。

8.2 了解路径与锚点的特征

在使用矢量工具，尤其是钢笔工具时，必须了解路径与锚点的用途。下面来了解路径与锚点的特征以及他们之间的关系。

 ## 8.2.1 认识路径

路径是可以转换为选区或使用颜色填充和描边的轮廓，包括有起点和终点的开放式路径以及没有起点和终点的闭合式路径两种。此外，路径也可以由多个相互独立的路径组件组成，这些路径组件称为子路径，如下图所示。

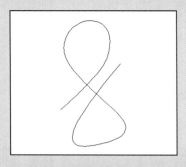

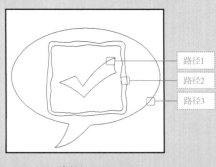

开放式路径   闭合路径   路径组

 ## 8.2.2 认识锚点

路径是由直线路径段或曲线路径段组成，它们通过锚点链接。锚点分为两种，一种是平滑点，另外一种是角点。平滑点连接可以形成平滑的曲线；角点连接可以形成直线或者转角曲线。曲线路径段上的锚点有方向线，方向线的端点为方向点，它们用于调整曲线的形状。

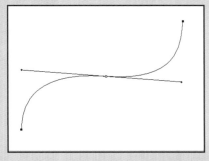
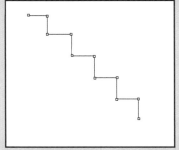
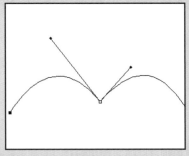

平滑的曲线   角点连接形成直线   转角曲线

8.3 熟悉"路径"面板

"路径"面板用于保存和管理路径，面板中显示了每条存储的路径、当前工作路径、当前矢量蒙版的名称和缩览图，下面来看一下具体使用"路径"面板的方法。

8.3.1 认识"路径"面板

执行"窗口>路径"命令，即可打开"路径"面板，其中包含"路径"面板和面板菜单两部分，如下图所示。

快捷按钮

● ：用前景色填充路径。
○ ：用画笔描边路径。
❀ ：将路径作为选区载入。
◇ ：从选区生成工作状态。
▢ ：添加蒙版。
▢ ：创建新路径。
🗑 ：删除当前路径。

❶ 新建路径 ▢ ：创建新路径时，执行该命令后，会弹出"新建路径"对话框。

❷ 复制路径：复制选定的路径时执行该命令，会弹出"复制路径"对话框。

❸ 删除路径：删除选定的路径。

❹ 建立工作路径：将选区作为工作路径。

❺ 建立选区：将选定的路径作为选区。

❻ 填充路径：使用颜色或者图案填充路径内部。执行该命令，会弹出"填充路径"对话框。

❼ 描边路径：为选定的路径轮廓填充前景色，在"描边路径"对话框的"工具"下拉列表中，可以选择上色工具。

❽ 剪贴路径：在路径上应用剪贴路径，其他部分则设置为透明状态。

❾ 面板选项：执行该命令，在弹出的"路径面板选项"对话框中，调整路径面板的预览大小。

8.3.2　了解工作路径

　　使用钢笔工具或形状工具绘图时，如果单击"路径"面板中的"创建新路径"按钮 □，新建一个路径层，然后再绘图，可以创建路径；如果没有单击 □ 按钮而直接绘图，则创建的是工作路径。工作路径是出现在"路径"面板中的临时路径，用于定义形状的轮廓。

创建的路径　　　　　　　　　　　　临时的工作路径

8.3.3　创建路径和存储路径

1. 创建路径

　　单击"路径"面板中的"创建新路径"按钮 □，可以创建新路径层。如果要在新建路径时设置路径的名称，可以按住Alt键并单击 □ 按钮，在打开的"新建路径"对话框中输入路径的名称，如下图所示。

创建的路径　　　　　　　"新建路径"对话框　　　　　　重新命名新路径

2. 存储路径

　　创建工作路径之后，如果要保存工作路径而不重命名，可以将它拖至面板底部的 □ 按钮上；如果要存储并重命名，可以双击它的名称，在打开的"存储路径"对话框中输入一个新名称。

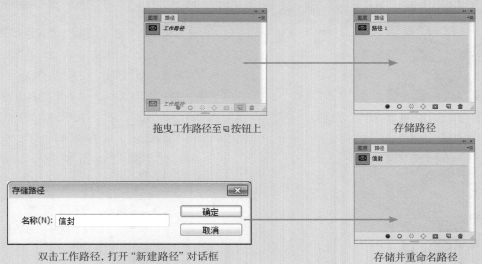

拖曳工作路径至 □ 按钮上　　　　　　　　　存储路径

双击工作路径，打开"新建路径"对话框　　　　　存储并重命名路径

8.3.4 "填充路径"对话框

在"填充路径"对话框中，我们可以设置路径的填充内容和混合模式等选项。

❶ 使用：可选择用前景色、背景色、黑色、白色或其他颜色填充路径。如果选择"图案"选项，则可以在下面的"自定图案"下拉面板中选择一种图案来填充路径。

❷ 模式/不透明度：用于选择填充效果的混合模式和不透明度。

❸ 保留透明区域：仅限于填充包含像素的图层区域。

❹ 羽化半径：可为填充设置羽化效果。

❺ 消除锯齿：勾选该复选框可部分填充选区的边缘，在选区的像素和周围像素之间创建精细的过渡。

8.3.5 实例精讲：用画笔描边路径

要点：在Photoshop中，我们不仅可以对选区进行描边，也可以对绘制的路径进行描边，最后将路径隐藏，得到的图像效果在视觉上与选区的描边相似。接下来将介绍使用画笔描边路径的操作过程。

Before

After

01 按下快捷键Ctrl+O，打开8-1.psd素材文件。

02 选择"路径"面板中的"工作路径"，即可在画面中显示路径轮廓，如下图所示。

03 选择画笔工具，在选项栏中设置其属性参数，如下图所示。

04 单击"图层"面板底部的"创建新图层"按钮，新建一个图层，将前景色设置为橘黄色。执行"路径"面板菜单中的"描边路径"命令，打开"描边路径"对话框，在下拉列表中选择"画笔"选项，然后单击"确定"按钮描边路径，在面板的空白处单击隐藏路径，效果如下图所示。

8.3.6 实例精讲：创建曲线路径并转换为选区

要点：曲线路径必须通过移动方向线变形为曲线形态，刚开始学习的时候，可能会觉得比较困难，但是经过反复的练习之后，就可以慢慢掌握钢笔工具的使用。在本例中，我们要画出曲线路径，然后将其转换为选区，并对选区内的画面进行调色。

01 按下快捷键Ctrl+O，打开8-2.jpg素材文件。

02 选择钢笔工具，在选项栏中单击 路径 右边的小三角按钮，在弹出的下拉列表中选择"路径"选项，如下图所示。

03 在图像边沿的任意位置单击作为路径开始点，然后沿着伞的边缘单击勾画出整个花的形状。遇到有弧度的边缘处，按住鼠标左键创建路径控制点后拖动，使路径控制点处产生两个控制柄，拖动控制柄可以调整路径的弧度，如下图所示。

04 最终回到路径的开始点，单击开始点，将整个路径封闭。

05 若要保存绘制的路径，则单击"路径"面板的扩展按钮▼≡，在弹出的下拉菜单中选择"存储路径"命令。

06 在弹出的"储存路径"对话框中，输入路径名称为"路径1"，然后单击"确定"按钮。

07 要将路径作为选区载入，则在"路径"面板中单击"将路径作为选区载入"按钮，可以看到此时路径变为了选区。

08 执行"选择>修改>羽化"命令，在弹出的"羽化选区"对话框中设置"羽化半径"为5像素，单击"确定"按钮，完成羽化选区设置。

09 切换到"图层"面板，执行"图像>调整>色相/饱和度"命令或按快键Ctrl+U，打开"色相/饱和度"对话框，设置参数如下图所示。单击"确定"按钮完成色相饱和度的调整，取消选区。

案例：保存带路径的 jpg 文件

在Photoshop中想要图片带路径不止可以用psd格式，还可以用jpg格式，而且还不会占用很大的空间。路径可以无限放大和缩小，具备矢量图的功能，jpg格式的图片可以用来存储路径，分层路径，彻底解决远程跨区域接项目的问题。

01 执行"文件>打开"命令，打开8-3.jpg素材文件，在工具箱中选择钢笔工具，设置工具选项栏中的模式为路径。在"图层"面板中单击"路径"按钮，在画面中绘制路径，如下图所示。

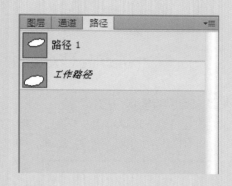

03 执行"文件>存储为"命令，在弹出的"另存为"对话框中，选择存储位置，设置"保存类型"为JPG格式，单击"保存"按钮，在弹出的"JPEG选项"对话框中单击"确定"按钮，此时这个JPG图像中已经携带了路径，如下图所示。

02 新建路径，添加多层路径，单击"创建新路径"按钮，添加一层新的路径图层，继续用钢笔工具绘制需要的其他路径，注意每绘制一层新路径时都要先创建新的路径图层，如下图所示。

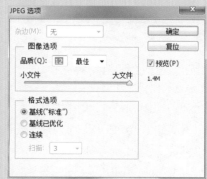

8.4 编辑路径

使用钢笔工具绘图或者描摹对象的轮廓时，有时不能一次就绘制准确，而是需要在绘制完成后，通过对锚点和路径的编辑来达到目的。下面就来了解一下如何编辑锚点和路径。

8.4.1 选择与移动锚点、路径段和路径

1.选择锚点、路径段和路径

使用直接选择工具 ↳ 单击一个锚点，即可选择该锚点，选中的锚点为实心方块，未选中的锚点为空心方块，如下左图所示。单击一个路径段时，可以选择该路径段，如下右图所示。

使用路径选择工具 ▶ 单击路径即可选择路径，如下左图所示。如果勾选工具选项栏中的"显示定界框"复选框，则所选路径会显示定界框，如下中图所示。拖动控制点可以对路径进行变换操作，如下右图所示。如果要添加选择锚点、路径段或者路径，可以按住Shift键逐一单击需要选择的对象，也可以单击并拖出一个选框，将需要选择的对象框选。如果要取消选择，可在画面空白处单击。

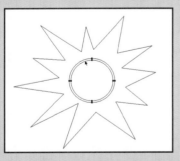
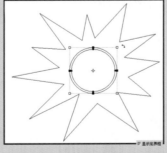
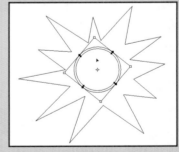

选择路径　　　　　　　　　　显示路径的定界框　　　　　　　　　变换路径

2.移动锚点、路径段和路径

选择锚点、路径段和路径后，按住鼠标左键不放并拖动，即可将其移动。如果选择了锚点，光标从锚点上移开，这时又想移动锚点，则应当将光标重新定位在锚点上，单击并拖动鼠标左键才能将其移动，否则只能在画面中拖动出一个矩形框，可以框选锚点或者路径段，但不能移动锚点。路径也是如此，从选择的路径上移开光标后，需要重新将光标定位在路径上才能将其移动。

按住Alt键单击一个路径段，可以选择该路径段及路径段上的所有锚点。

8.4.2 添加或删除锚点

1. 添加锚点

　　选择添加锚点工具 ，将光标放在路径上，当光标变为 状时，单击即可添加一个角点；如果单击并拖动鼠标，则可以添加一个平滑点，如下图所示。

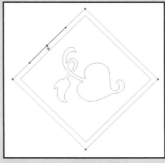
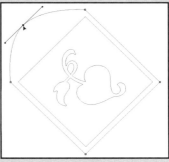

选择添加锚点工具　　　　　　　　　　添加锚点　　　　　　　　　　移动锚点位置

2. 删除锚点

　　选择删除锚点工具 ，将光标放在锚点上，当光标变为 状时，单击即可删除该锚点；使用直接选择工具 选择锚点后，按下Delete键也可以将其删除，但该锚点两侧的路径段也会同时删除。如果路径为闭合式路径，则会变为开放式路径，如下图所示。

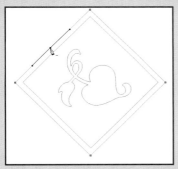
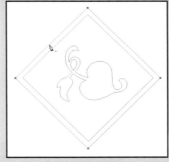

选择删除锚点工具　　　　　　　　　　单击删除锚点　　　　　　　利用Delete键删除路径段

3. 钢笔工具的使用技巧

　　使用钢笔工具时，光标在路径和锚点上会有不同的显示状态，通过对光标的观察可以判断钢笔工具此时的功能，从而更加灵活地使用钢笔工具。

　　：当光标在画面中显示为 时，单击可以创建一个角点；单击并拖动鼠标可以创建一个平滑点。

　　：在工具选项栏中勾选了"自动添加/删除"复选框后，当光标在路径上变为 状时单击，单击可在路径上添加锚点。

　　：勾选了"自动添加/删除"复选框后，当光标在锚点上变为 状时，单击可删除该锚点。

　　：在绘制路径的过程中，当光标移至路径起始的锚点上，光标会变为 状，此时单击可闭合路径。

　　：选择一个开放式路径，将光标移至该路径的一个端点上，光标变为 状时单击，然后便可继续绘制该路径；如果在绘制路径的过程中将钢笔工具移至另外一条开放路径的端点上，光标变为 状时单击，可以将这两段开放式路径连接成为一条路径。

8.4.3　改变锚点类型

转换点工具 用于转换锚点的类型，选择该工具后，将光标放在锚点上，如果当前锚点为角点，单击并拖动鼠标可将其转换为平滑点；如果当前锚点为平滑点，则单击可将其转换为角点，如下图所示。

选择转换点工具

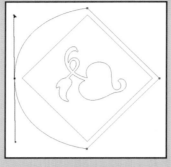
单击角点将其转换为平滑点

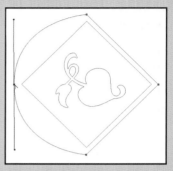
单击平滑点将其转换为角点

8.4.4　方向线与方向点的用途

在曲线路径段上，每个锚点都包含一条或两条方向线，方向线的端点是方向点，移动方向点能够调整方向线的长度和方向，从而改变曲线的形状。当移动平滑点上的方向线时，将同时调整该点两侧的曲线路径段，移动角点上的方向线时，则只调整与方向线同侧的曲线路径段，如下图所示。

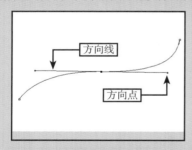
方向线和方向点

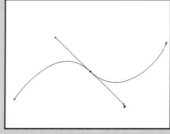
移动平滑点上的方向线

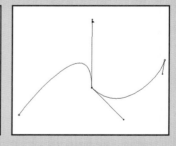
移动角点上的方向线

8.4.5　路径的变换操作

在"路径"面板中选择路径，执行"编辑>变换路径"下拉菜单中的命令，可以显示变换控件，拖动控制点即可对路径执行缩放、旋转、斜切、扭曲等变换操作。路径的变换方法与图像的变换方法相同。

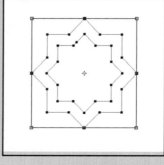
显示变换控件

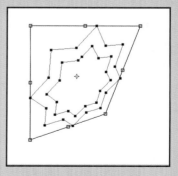
扭曲路径

8.4.6　对齐与分布路径

使用路径选择工具 选择多个子路径，单击选项栏中的"路径对齐方式"下拉按钮 ，弹出的下拉列表中可以选择路径的对齐与分布方式，从而对所选路径进行对齐与分布操作，路径选择工具选项栏如下图所示。

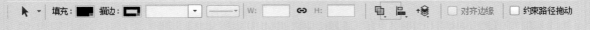

1. 对齐路径

单击路径对齐方式下拉按钮 ，下拉列表中包括左边 、水平居中 、右边 、顶边 、垂直居中 、底边 等选项，下图为选择不同对齐选项的效果。

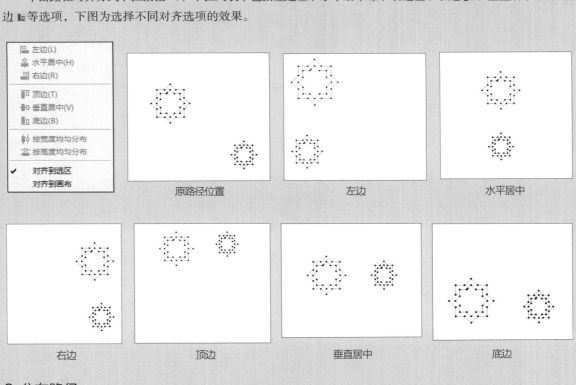

2. 分布路径

单击路径对齐方式下拉按钮 ，下拉列表中包括按宽度均匀分布 和按高度均匀分布 选项。要分布路径，应至少选择3个路径组件，下图为选择各分布方式的结果。

8.5 绘制路径

钢笔工具是Photoshop中最为强大的绘图工具，它主要有两种用途：一是绘制矢量图形，二是用于选取对象。在作为选取工具使用时，钢笔工具描绘的轮廓光滑、准确，将路径转换为选区就可以准确地选择对象。

8.5.1 实例精讲：绘制转角曲线

要点： 选择钢笔工具后，通过单击并拖动鼠标的方式可以绘制光滑流畅的曲线，但是如果想要绘制与上一段曲线之间出现转折的曲线（及转角曲线），就需要在创建锚点前改变方向线的方向。接下来介绍通过转角曲线绘制一个心形图形的方法。

01 新建一个大小为500×500像素、分辨率为100像素/英寸的文档。执行"视图>显示>网格"命令，显示网格，通过网格辅助绘图很容易创建对称图形。当前的网格颜色为黑色，不利于观察路径，可执行"编辑>首选项>参考线、网格和切片"命令，将网格颜色改为浅灰色，如下图所示。

02 选择钢笔工具 ，在选项栏中单击 右边的三角按钮，在弹出的下拉列表中选择"路径"选项。在网格点上单击并向画面左上方拖动鼠标，创建一个平滑点；将光标移至下一个锚点处，单击并向下拖动鼠标创建曲线；将光标移至下一个锚点处，单击但不要拖动鼠标，创建一个角点，这样就完成了左侧心形的绘制。

03 接下来绘制心形的右边部分。在网格点上单击并向上拖动鼠标，创建曲线；将光标移至路径的起点上，单击鼠标左键闭合路径，如下图所示。

04 按住Ctrl键切换为直接选择工具 ，在路径的起始处单击显示锚点，此时当前锚点上会出现两条方向线；将光标移至左下角的方向线上，按住Alt键切换为转换点工具 ；单击并向上拖动该方向线，使之与右侧的方向线对称，按下快捷键Ctrl+'隐藏网络，完成绘制，效果如下图所示。

8.5.2 钢笔工具组

钢笔工具是我们在绘制矢量图形时常用的一个工具，在编辑矢量图形时，常伴随着钢笔工具组中的其他工具一同使用，绘制出我们想要的形状。接下来，主要讲解钢笔工具选项栏以及钢笔工具组中其他相关工具的用法。

1. 钢笔工具选项栏

选择钢笔工具，在工具选项栏中单击 ✿ 按钮，在弹出的下拉菜单中勾选"橡皮带"复选框，绘制路径时，可以预先看到将要创建的路径段，从而判断出路径的走向。

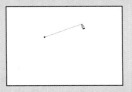  

2. 自由钢笔工具

自由钢笔工具 ✐ 用于绘制比较随意的图形，它的使用方法与套索工具非常相似。选择自由钢笔工具后，在画面中单击并拖动鼠标即可绘制路径，路径的形状为光标运行的轨迹，Photoshop会自动为路径添加锚点。下图为使用自由钢笔工具绘制的路径效果。

3. 磁性钢笔工具

选择自由钢笔工具 ✐ 后，在工具选项栏中勾选"磁性的"复选框，可将自由钢笔工具转换为磁性钢笔工具 ✐。磁性钢笔工具与磁性套索工具非常相似，在使用时，只需在对象边缘单击，然后放开鼠标按键，沿边缘拖动即可创建路径。下图为使用磁性钢笔工具绘制的路径。

单击工具选项栏中的 ✿ 按钮，可打开下拉面板。"曲线拟合"和"钢笔压力"是自由钢笔工具和磁性钢笔的共同选项，"磁性的"复选框是控制磁性钢笔工具的选项。

❶ 曲线拟合：控制最终路径对鼠标或压感笔移动的灵敏度，该值越高，生成的锚点越少，路径也越简单。

❷ 磁性的："宽度"用于设置磁性钢笔工具的检测范围，该值越高，工具的检测范围就越广；"对比"用于设置工具对于图像边缘的敏感度，如果图像的边缘与背景的色调比较接近，可将该值设置得大一些；"频率"用于确定锚点的密度，该值越高，锚点的密度越大。

❸ 钢笔压力：如果计算机配置有数位板，则可以勾选"钢笔压力"复选框，通过钢笔压力控制检测宽度，钢笔压力的增加将导致工具的检测宽度减小。

8.5.3 实例精讲：创建自定义形状

要点：除了Photoshop中自带的图形外，我们还可以将自己绘制的形状保存为自定义形状，以便可以随时调用，而不必重新绘制。接下来讲解将绘制的字母Q形状保存为自定义形状的具体操作方法。

01 单击"路径"面板中的工作路径，选择该路径，画面中会显示字母Q图形，如下图所示。

02 执行"编辑>定义自定形状"命令，打开"形状名称"对话框，输入名称，然后单击"确定"按钮。

03 需要使用该形状时，可选择自定形状工具，单击工具选项栏中"形状"选项右侧的 按钮，打开下拉面板就可以找到"字母Q"形状，下图为选择字母Q形状，并为其添加投影和内发光的效果。

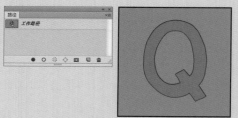
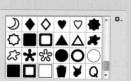

8.5.4 绘制基本形状

利用图形工具可以简单、轻松地制作出各种形态的图像，另外还可以组合基本形态的图像，制作出复杂的图形以及任意的形态，接下来我们将学习图像的制作方法。

使用图形工具，可以制作出漂亮的图形对象并且不受分辨率的影响。

为了方便用户绘制不同样式的图形形状，Photoshop CC 2019提供了一些基本的图形绘制工具。利用这些图形绘制工具可以在图像中绘制直线、矩形、椭圆、多边形和其他自定义形状。

用户在绘制形状后，还可根据需要对形状进行编辑。形状的编辑方法与路径的编辑方法完全相同。例如，可增加和删除形状的锚点、移动锚点位置、对锚点的控制柄进行调整，以及对形状进行缩放、旋转、扭曲、透视、倾斜变形、水平垂直翻转等。

默认情况下，用户在使用图形工具绘制图形时，形状图层的内容均以当前前景色填充（未应用任务样式）。形状图层实际上相当于带图层蒙版的调整图层，形状则位于蒙版中。因此想要更改形状的填充内容，只需要更改图层内容就可以了。我们可以执行"图层>新建填充图层子菜单中的命令，选择纯色、渐变、图案等菜单命令，将形状图层更改为相应的内容。

矩形工具组中的工具用于制作矩形、圆角矩形以及其他各种形态的图形。

矩形工具: 快捷键为U
圆角矩形工具: 快捷键为U
椭圆工具: 快捷键为U
多边形工具: 快捷键为U
直线工具: 快捷键为U
自定义形状工具: 快捷键为U

1. 矩形工具

　　矩形工具▢用来绘制矩形和正方形。选择该工具后，单击并拖动鼠标可以创建矩形；按住Shift键拖动，则可以创建正方形；按住Alt键拖动，会以单击点为中心向外创建矩形；按住Shift+Alt键拖动，会以单击点为中心向外创建正方形。单击选项栏中的几何选项按钮❀，可以设置矩形的创建方法。

● 不受约束: 可通过拖动鼠标创建任意大小的矩形和正方形，如图1所示。

● 方形: 拖动鼠标时只能创建任意大小的正方形，如图2所示。

● 从中心: 以任何方式创建矩形时，鼠标在画面中的单击点即为矩形的中心，拖动鼠标时矩形将由中心向外扩散。

● 固定大小: 选择该单选按钮并在它右侧的文本框中输入数值（W为宽度、H为高度），之后单击鼠标时，只创建预设大小的矩形，下图3为宽度3厘米、高度5厘米的矩形。

● 比例: 选择该单选按钮并在它右侧的文本框中输入数值（W为宽度、H为高度），此后拖动鼠标时，无论创建多大的矩形，矩形的宽度和高度都保持预设的比例，下图4为W:H=1:2。

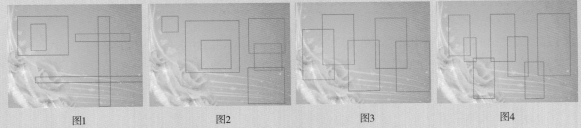

图1　　　　　　　图2　　　　　　　图3　　　　　　　图4

● 对齐边缘: 矩形的边缘与像素的边缘重合，图形的边缘不会出现锯齿；取消勾选该复选框时，矩形边缘会出现模糊的像素，如右图所示。

勾选"对齐边缘"复选框　　　　　　　取消勾选"对齐边缘"复选框

2. 圆角矩形工具

　　圆角矩形工具▢用于创建圆角矩形。它的使用方法以及选项栏都与矩形工具相同，只多了一个"半径"选项，"半径"选项用来设置圆角半径，该值越高，圆角越广，如下图所示。

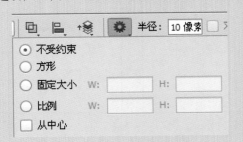

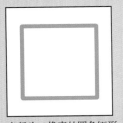

半径为10像素的圆角矩形

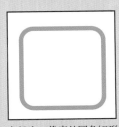

半径为50像素的圆角矩形

3. 椭圆工具

椭圆工具 ⬭ 用于创建椭圆形和正圆形。选择该工具后，单击并拖动鼠标可以创建椭圆形；按住Shift键的同时拖动鼠标，则可创建正圆形。椭圆工具的选项栏及使用方法与矩形工具基本相同，我们可以创建不受约束的椭圆和圆形，也可以创建固定大小、固定比例的圆形。

椭圆

正圆

椭圆

用椭圆工具绘制的花形

4. 多边形工具

多边形工具 ⬡ 用于创建多边形和星形。选择该工具后，首先要在工具选项栏中设置多边形或星形的边数，范围为3~100。单击工具选项栏中的 ▾ 按钮打开一个下拉面板，在面板中可以设置要绘制多边形的相关选项，如右图所示。

● 半径：设置多边形或星形的半径长度，此后单击并拖动鼠标时将创建指定半径值的多边形或星形。

● 平滑拐角：勾选该复选框，创建具有平滑拐角的多边形和星形，如下图所示。

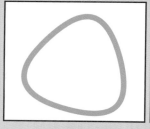
平滑拐角多边形

平滑拐角星形

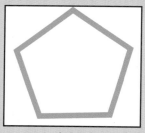
多边形

星形

● 星形：勾选该复选框，可以创建星形。在"缩进边依据"数值框中可以设置星形边缘向中心缩进的数量，该值越高，缩进量越大，如下图所示。选择多边形工具后，在选项框中单击"设置其他形状和路径选项"下拉按钮，会弹出创建多边形参数设置面板，勾选"平滑缩进"复选框，可以使星形的边平滑地向中心缩进。

"创建多边形"对话框

缩进边依据：50%

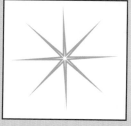
缩进边依据：90%

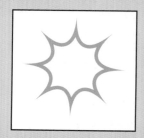
缩进边依据：90%（平滑缩进）

5. 直线工具

直线工具 用于创建直线和带有箭头的线段。选择该工具后，单击并拖动鼠标可以创建直线或线段，按住Shift键可创建水平、垂直或以45°角为增量的直线。直线工具选项栏中包含了设置直线粗细的选项。此外，下拉面板中还包含了设置箭头的选项，如右图所示。

● 起点/终点：勾选"起点"复选框，可在直线的起点添加箭头；勾选"终点"复选框，可在直线的终点添加箭头；两个复选框都勾选，则起点和终点都会添加箭头，如下图所示。

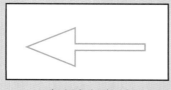 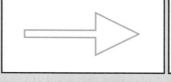 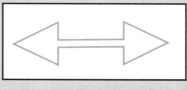

勾选"起点"复选框　　　　　　勾选"终点"复选框　　　　　勾选"起点"和"终点"复选框

● 宽度：用来设置箭头宽度与直线宽度的百分比，范围为10%~100%。下图分别为使用不同宽度百分比创建带有箭头的直线效果。

● 长度：用来设置箭头的长度与直线的宽度的百分比，范围为10%~100%。下图分别为使用不同长度百分比创建带有箭头的直线效果。

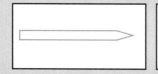  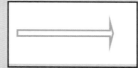 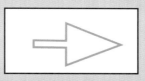

宽度：100% 长度：500%　　　宽度：500% 长度：500%　　　宽度：500% 长度：100%　　　宽度：500% 长度：1000%

● 凹度：用来设置箭头的凹陷程度，范围为−50%~50%之间，该值为0时，箭头尾部平齐；该值大于0时，向内凹陷；该值小于0时，向外凸出，如下图所示。

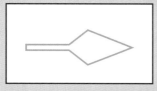 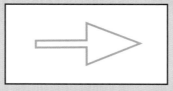 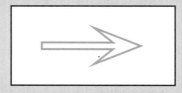

凹度：−50%　　　　　　　　　凹度：0%　　　　　　　　　　凹度：50%

6. 自定义形状工具

使用自定义形状工具 可以创建Photoshop预设的形状、自定义的形状或者是外部提供的形状。选择该工具以后，需要单击工具选项栏中的"设置其他形状和路径选项"下拉按钮，在打开的形状下拉面板中选择一种形状，然后单击并拖动鼠标即可创建选择的图形。如果要保持形状的比例，可以按住Shift键绘制图形。如果要使用其他方法创建图形，可以在"自定义形状选项"下拉面板中设置，如右图所示。

精通 使用钢笔工具绘制转折点

　　您在Photoshop中使用钢笔工具画路径时，是不是感觉路径线总满屏乱跑，导致画不出想要的效果？那是因为不懂得对当前节点实现转折，下面我们来学一个小技巧，在使用钢笔工具时，按住鼠标左键拖曳节点时按住Alt键，即可实现对当前节点的一个转折，让路径线服服帖帖地照着想法走。

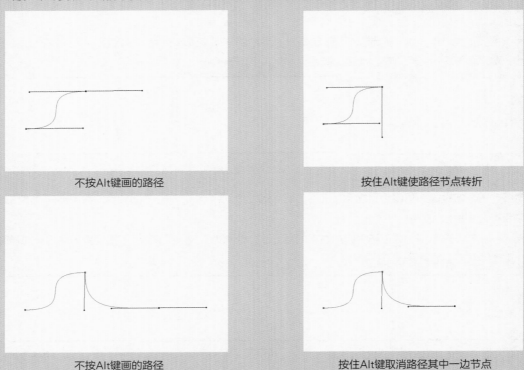

不按Alt键画的路径　　　　　　　　　　　按住Alt键使路径节点转折

不按Alt键画的路径　　　　　　　　　　　按住Alt键取消路径其中一边节点

精通 将路径快速转换成选区的方法

　　我们在Photoshop中用钢笔工具抠图后，都要先将路径转化为选区，下面就为大家介绍一种快速将路径转化为选区的方法。

　　使用钢笔工具绘制所需的路径，如下左图所示。保持当前选择的工具为钢笔工具，只要按下Ctrl+Enter组合键，路径就马上被作为选区载入，如下右图所示。

绘制路径　　　　　　　　　　　　　　　　　载入选区

蒙版的应用

蒙版，可以理解为蒙在图像上面的一块"板"，保护图像中的某一部分不被操作，从而使用户更精准地抠图，得到更真实的边缘和效果。使用蒙版，可以将 Photoshop 的功能发挥到极致，并且可以在不改变图层中原有图像的基础上制作出各种特殊的效果。应用蒙版可以使这些更改永久生效，或者删除蒙版而不应用更改。

09

第 9 章

主要内容

- 图层蒙版
- 矢量蒙版
- 编辑蒙版

知识点播

- 图层蒙版的原理
- 创建矢量蒙版
- 创建剪贴蒙版

9.1 蒙版总览

　　蒙版是Photoshop中用于合成图像的重要功能，可以隐藏图像内容，但不会将其删除，因此，用蒙版处理图像是一种非破坏性的编辑方式。下图为使用蒙版进行图像合成的精彩案例效果展示。

　　Photoshop提供了三种蒙版：图层蒙版、剪贴蒙版和矢量蒙版。图层蒙版通过蒙版中的灰度信息来控制图像的显示区域；剪贴蒙版通过一个对象的形状来控制其他图层的显示区域；矢量蒙版则通过路径和矢量形状控制图像的显示区域。

　　"属性"面板用于调整所选图层中图层蒙版和矢量蒙版的不透明度和羽化范围，如右图所示。

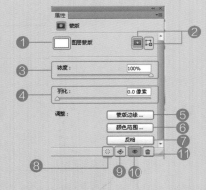

❶ 当前选择的蒙版：显示了在"图层"面板中选择的蒙版类型，此时可在"属性"面板中对其进行编辑，如下图所示。

❷ 添加图层蒙版/添加矢量蒙版：单击 按钮，可以为当前图层添加图层蒙版；单击 按钮，则可以为当前图层添加矢量蒙版。

❸ 浓度：拖动滑块可以控制蒙版的不透明度和遮盖强度。

④ 羽化：拖动滑块可以柔化滑蒙版的边缘，如下图所示。

⑤ 蒙版边缘：单击该按钮，可以在打开的"调整蒙版"对话框中修改蒙版边缘，并针对不同的背景查看蒙版。这些操作与调整选区边缘基本相同，如下图所示。

⑥ 颜色范围：单击该按钮，可以打开"色彩范围"对话框，通过在图像中取样并调整颜色容差修改蒙版范围，如下图所示。

⑦ 反相：可反转蒙版的遮盖区域。

⑧ 从蒙版中载入选区：单击该按钮，可以载入蒙版中包含的选区，如下图所示。

⑨ 应用蒙版：单击该按钮，可以将蒙版应用到图像中，同时删除被蒙版遮盖的图像。

⑩ 停用/启用蒙版：单击该按钮，或按住Shift键单击蒙版的缩略图，可以停用（或者重新启用）蒙版。停用蒙版时，蒙版缩览图上会出现一个红色的叉号，如下图所示。

⑪ 删除蒙版：单击该按钮，将所选图层中的蒙版删除。

9.2 图层蒙版

图层蒙版主要应用于合成图像。此外，我们创建调整图层、填充图层或者应用智能滤镜时，Photoshop也会自动为其添加图层蒙版，因此，图层蒙版可以控制颜色调整和滤镜范围。

9.2.1 图层蒙版的原理

图层蒙版是与文档具有相同分辨率的256级色阶灰度图像。蒙版中的纯白色区域可以遮盖下面图层中的内容，只显示当前图层中的图像；蒙版中的纯黑色区域可以遮盖当前图层中的图像，显示出下面图层中的内容；蒙版中的灰色区域会根据其灰度值使当前图层中的图像呈现出不同层次的透明效果。

基于以上原理，如果要隐藏当前图层中的图像，可以使用黑色涂抹蒙版；如果要显示当前图层中的图像，可以使用白色涂抹蒙版；如果要使当前图层中的图像呈现半透明效果，则使用灰色涂抹蒙版，或者在蒙版中填充渐变色，如下图所示。

9.2.2 实例精讲：创建图层蒙版

要点：图层蒙版的主要功能是合成图像。本例主要讲解如何通过创建图层蒙版来合成新图像效果的方法，具体操作步骤如下。

01 打开9-1.png、9-2.png素材文件。

02 选择9-2.png文件，在"背景"图层上双击，弹出"新建图层"对话框，单击"确定"按钮，生成"图层0"图层，即可解锁背景图层，效果如下图所示。

04 单击"图层"面板下方"添加图层蒙版"按钮，为该图层添加图层蒙版。选择工具箱中的魔棒工具，设置容差值为0，按住Shift键依次单击白色背景，将人物建立为选区，如下图所示。

05 为选区填充黑色，此时，人物图像中的背景被隐藏，效果如下图所示。

03 使用移动工具将人物素材拖入9-1.jpg文件中，生成"图层1"图层。按下快捷键Ctrl+T执行自由变换操作，人物素材周围会出现节点，调节周围节点可对素材进行变换，调整素材到合适的大小和位置，效果如下图所示。

9.2.3 实例精讲：从选区中生成蒙版

要点：在实际的图像处理操作过程中，蒙版是一个比较常用的工具，除了创建蒙版以外，我们还可以从选区中生成蒙版，对选区内的图像进行编辑。本例主要讲解从选区中生成蒙版的具体操作方法。

01 打开9-3.jpg、9-4.jpg素材文件。

02 选择9-3.jpg文件，按住Alt键的同时双击"背景"图层，对背景图层进行解锁，效果如下图所示。

03 使用移动工具将人物素材拖入9-4.jpg文件中，生成"图层1"图层，按下快捷键Ctrl+T进行自由变换，调节周围节点可对素材进行变换，调整素材到合适的大小和位置，效果如下图所示。

04 选择椭圆选框工具 ，设置羽化值为20px，在图像上绘制椭圆选区，效果如下图所示。

05 单击"添加图层蒙版"按钮 ，可以从选区中生成蒙版，选区内的图像是可见的，选区外的图像会被蒙版遮盖，显示出"背景"图层中的图像，如下图所示。

06 选择画笔工具，在选项栏中设置参数，然后在图像上进行涂抹，使人物与背景融合得更加自然，效果如下图所示。

9.2.4 实例精讲：从图像中生成蒙版

要点：本实例主要讲解了从图像中生成蒙版的具体操作过程。依据图层蒙版的应用原理，将一个文件中的图像复制到另一个文件的蒙版图层中，从而控制图像的显示效果，具体操作步骤如下。

01 打开9-5.png、9-6.png素材文件。

02 选择9-6.jpg文件，单击"图层"面板下方的 按钮，为图像添加图层蒙版，然后按住Alt键单击蒙版缩览图，在画面中显示蒙版图像。然后切换到9-5.jpg文件，按下快捷键Ctrl+A、Ctrl+C复制图像，再切换到9-6.jpg文件，按下快捷键Ctrl+V，将图像粘贴到蒙版中，调节图像的大小和位置，效果如下图所示。

03 按住Alt键单击蒙版缩览图，重新显示图像，效果如下图所示。

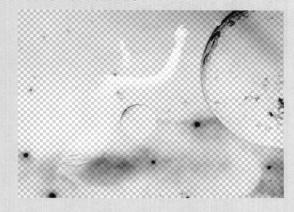

04 单击"图层"面板下方"创建新图层"按钮，新建"图层1"图层，填充淡黄色，将该图层移至"图层"的最下方，将"图层0"图层的混合模式设置为"线性加深"，效果如下图所示。

9.2.5　特殊的图像合成效果

我们在使用画笔、加深、减淡、模糊、锐化、涂抹等工具修改图层蒙版时，可以根据需要选择不同样式的笔尖。此外，还可以用各种滤镜编辑蒙版，得到特殊的图像合成效果。

原图像

用自定义画笔编辑蒙版

用缤纷蝴蝶编辑蒙版

用径向渐变编辑蒙版

9.2.6　图层蒙版的编辑

1. 复制与转移蒙版

按住Alt键将一个图层的蒙版拖至另外的图层，可以将蒙版复制到目标图层。如果直接将蒙版拖至另外的图层，则可以将该蒙版转移到目标图层，图层将不再有蒙版，如下图所示。

选中带有蒙版的图层

按住Alt键拖曳，复制蒙版

直接拖曳，移动蒙版

2. 链接与取消链接蒙版

创建图层蒙版后，蒙版缩览图和图像缩览图中间有一个链接图标，它表示蒙版与图像处于链接状态，此时进行变换操作，蒙版会与图像一同变换。执行"图层>图层蒙版>取消链接"命令，或者单击链接图标，可以取消链接，取消后可以单独变换图像，也可以单独变换蒙版。

9.3 矢量蒙版

矢量蒙版是由钢笔工具、自定形状工具等矢量工具创建的蒙版（图层蒙版和剪贴蒙版都是基于像素的蒙版），它与分辨率无关，常用来制作Logo、按钮或其他Web设计元素。无论图像自身的分辨率是多少，只要使用了矢量蒙版，都可以得到平滑的轮廓。

9.3.1 实例精讲：创建矢量蒙版

要点：本实例将介绍使用椭圆工具绘制路径，然后执行"矢量蒙版>当前路径"命令，为该椭圆路径创建矢量蒙版的操作过程，具体如下。

01 打开9-7.psd素材文件。

02 选择椭圆工具，在选项栏中单击 路径 右边的小三角按钮，在弹出的下拉列表中选择"路径"选项，然后在画面中单击并拖动鼠标绘制椭圆路径。

03 执行"图层>矢量蒙版>当前路径"命令，或者按住Ctrl键单击"添加蒙版"按钮，即可基于当前路径创建矢量蒙版，路径区域外的图像会被蒙版遮盖，如下图所示。

04 按下快捷键Ctrl+Enter，将路径转换为选区。然后按下快捷键Ctrl+D，取消选区，改变选区的大小，并调整到合适的位置，效果如下图所示。

9.3.2 实例精讲：向矢量蒙版中添加图像

01 单击矢量蒙版将其选中，它的缩览图外面会出现一个白色的框，此时画面中会显示出矢量图形，如下图所示。

02 选择自定形状工具，在形状下拉面板中选择心形形状，然后在图像上绘制，可以将它添加到矢量蒙版中，效果如下图所示。

9.3.3 实例精讲：为矢量蒙版添加效果

01 在"图层"面板中双击添加了矢量蒙版的图层，打开"图层样式"对话框，在左侧列表中选择"描边""投影"和"图案叠加"等效果，参数设置如下图所示。

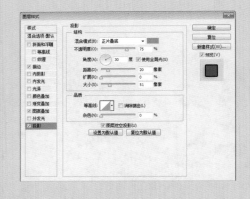

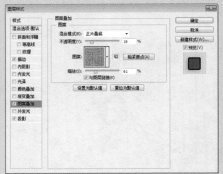

02 对各项参数设置完成后，单击"确定"按钮，这样就为矢量蒙版添加了设置的图层样式，效果如下图所示。

9.3.4 实例精讲：编辑矢量蒙版中的图形

要点：创建矢量蒙版以后，我们可以使用路径编辑工具移动、修改或删除路径，从而改变蒙版的遮盖区域，此处继续使用上一案例来进行操作。

01 选择工具箱中的选择工具，选择矢量蒙版，画面中会显示矢量图形，如下图所示。

02 使用路径选择工具将心形图形选中，此时该图形会出现路径节点，如下图所示。

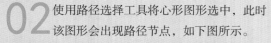

03 按下Delete键，可将该矢量蒙版中的图形删除，如下图所示。

04 再次使用路径选择工具单击矢量图形，拖动鼠标可将其移动，蒙版的遮盖区域也随之改变。

9.3.5 将矢量蒙版转换为图层蒙版

选择矢量蒙版所在的图层，执行"图层>栅格化>矢量蒙版"命令，可将其栅格化，转换为图层蒙版，对比效果如下图所示。

案例：渐变工具配合蒙版做融图处理——使真景与假景融合得更自然

要点： 本案例将利用渐变工具和蒙版功能配合使用，使两张沙照片自然融合，步骤如下。

Before

After

01 执行"文件>打开"命令，在弹出的"打开"对话框中选择9-9.png、9-10.png素材文件并打开，将9-9.png素材拖曳至9-10.png场景文件中，如下图所示。

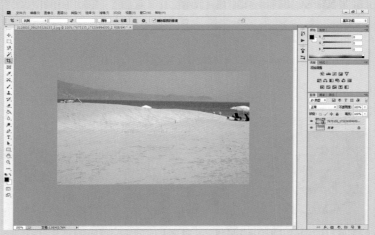

02 选中第二个图层，在"图层"面板中单击"添加蒙版"按钮。在工具栏中选择渐变工具，设置状态栏中的颜色为由黑到白，在画面中由上到下拉出渐变效果，如下图所示。

10

第10章

通道的应用

通道是图像的重要组成部分，记录了图像的大部分信息，利用通道可以创建发丝一样精细的选区。Photoshop的通道有多重用途，它可以显示图像的分色信息、存储图像的选取范围或记录图像的特殊色信息等。如果用户只是应用 Photoshop 来进行简单的图像处理，可能用不到通道功能，但是有经验的用户在处理图像时都离不开通道。

主要内容

- 通道的分类
- "通道"面板
- 管理与编辑通道
- 通道与抠图

知识点播

- 颜色通道
- Alpha 通道
- 编辑通道

10.1 通道的分类

通道是Photoshop的高级功能，它与图像内容、色彩和选区有关。Photoshop CC 2019提供了三种类型的通道：颜色通道、Alpha通道和专色通道。本节我们将对通道的特征和主要用途进行介绍。

10.1.1 颜色通道

颜色通道就像是摄影胶片，它们记录了图像内容和颜色信息。图像的颜色模式不同，颜色通道的数量也不相同。RGB图像包含红、绿、蓝和一个用于编辑图像内容的复合通道；CMYK图像包含青色、洋红、黄色、黑色和一个复合通道；Lab图像包含明度、a、b和一个复合通道，如下图所示。位图、灰度、双色调和索引颜色的图像只有一个通道。

RGB图像通道

CMYK图像通道

Lab图像通道

多通道

10.1.2 Alpha通道

Alpha通道有三种用途，一是用于保存选区；二是可将选区存储为灰度图像，这样我们就能够用画笔、加深、减淡等工具以及各种滤镜，通过编辑Alpha通道来修改选区；三是我们可以从Alpha通道中载入选区。

在Alpha通道中，白色代表可以被选择的区域，黑色代表不能被选择的区域，灰色代表可以被部分选择的区域（即羽化区域）。用白色涂抹Alpha通道，可以扩大选区范围；用黑色涂抹则收缩选区；用灰色涂抹可以增加羽化范围。在Alpha通道制作一个呈现灰度阶梯的选区，可从中选取所需的图像部分，如右图所示。

10.1.3 专色通道

专色通道用来存储印刷用的专色。专色是特殊的预混油墨，如金属金银色油墨、荧光油墨等，它们可以替代或补充普通的印刷色油墨。通常情况下，专色通道都是以专色的名称来命名的。

10.2 "通道"面板

"通道"面板可以创建、保存和管理通道。当我们打开一个图像时，Photoshop会自动创建该图像的颜色信息通道，下图分别为图像、"通道"面板和面板菜单。

 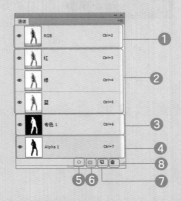 

① 复合通道："通道"面板中最先列出的是复合通道，在复合通道下可以同时预览和编辑所有颜色通道。

② 颜色通道：用于记录颜色信息的通道。

③ 专色通道：用来保存专色油墨的通道。

④ Alpha通道：用来保存选区的通道。

⑤ 将通道作为选区载入：单击该按钮，可以载入所选通道内的选区。

⑥ 将选区存储为通道：单击该按钮，可以将图像中的选区保存在通道内。

⑦ 创建新通道：单击该按钮，可以创建Alpha通道。

⑧ 删除当前通道：单击该按钮，可删除当前选择的通道。但复合通道不能删除。

10.3 管理与编辑通道

下面将介绍如何使用"通道"面板和面板菜单中的命令，创建通道或对通道进行复制、删除、分离与合并等操作。

10.3.1 选择通道

单击"通道"面板中的任意一个通道，即可选择该通道，文档窗口中会显示所选通道的灰度图像；按住Shift键单击其他通道，可以选择多个通道，此时窗口中会显示所选颜色通道的复合信息；通道名称的左侧显示了通道内容的缩览图，在编辑通道时缩览图会自动更新，如图下左、下中图所示。

单击RGB复合通道，可以重新显示其他颜色通道，如下右图所示，此时可同时预览和编辑所有颜色通道。

10.3.2 通过快捷键选择通道

按下Ctrl+相应的数字键，可以快速选择通道。例如，如果图像为RGB模式，按下快捷键Ctrl+3，可选择红色通道；按下快捷键Ctrl+4，可以选择绿色通道；按下快捷键Ctrl+5，可以选择蓝色通道；按下快捷键Ctrl+6，可以选择蓝色通道下面的Alpha通道；如果要回到RGB复合通道，可以按下快捷键Ctrl+2。

10.3.3 Alpha通道与选区的互相转换

1. 将选区保存到Alpha通道中

如果在文档中创建了选区，单击□按钮，可将选区保存到Alpha通道中，如右图所示。

2. 载入Alpha通道中的选区

在"通道"面板中选择要载入选区的Alpha通道，单击"将通道作为选区载入"按钮，可以载入通道中的选区。此外，按住Ctrl键单击Alpha通道也可以载入选区，这样操作的好处是不必来回切换通道，如右图所示。

10.3.4 **通道的编辑**

1. 重命名通道

　　双击"通道"面板中一个通道的名称，在显示的文本输入框中输入新的通道名称，如下左图所示。但复合通道和颜色通道不能重命名。

2. 复制和删除通道

　　将一个通道拖动到"通道"面板中的"创建新通道"按钮 上，可以复制该通道，如下中图所示。在"通道"面板中选择需要删除的通道，单击"删除当前通道"按钮 ，可将其删除。用户也可以直接将通道拖动到"删除当前通道"按钮上进行删除，如下右图所示。

　　复合通道不能被复制，也不能删除。颜色通道可以复制，但如果删除了，图像就会自动转换为多通道模式。

重命名通道　　　　　　　复制通道　　　　　　　删除通道

> **提示：通道的隐藏**
>
> 　　通道的隐藏与图层的隐藏方法相同，即单击通道缩略图前面的"隐藏/显示"按钮 ，可将显示的通道隐藏，再次单击，即可显示该通道。

3. 同时显示Alpha通道和图像

　　编辑Alpha通道时，文档窗口中只显示通道中图像，这使得我们的某些操作，如描绘图像边缘时会因看不到彩色图像而不够准确。遇到这种问题，可在复合通道前单击，显示眼睛图标 ，Photoshop会显示图像并以一种颜色替代Alpha通道的灰度图像，这种效果就类似于在快速蒙版状态下编辑选区一样，如下图所示。

10.3.5 实例精讲：将通道中的图像粘贴到图层中

01 按下快捷键Ctrl+O，打开 10-1.jpg素材文件。在"通道"面板中选择绿色通道，画面中会显示该通道的灰度图像，按下快捷键Ctrl+A全选，按下快捷键Ctrl+C复制，如右图所示。

02 按下快捷键Ctrl+2，返回到 RGB复合通道，显示彩色的图像。按下快捷键Ctrl+V，可以将复制的通道粘贴到一个新的图层中，如右图所示。

10.3.6 实例精讲：将图层中的图像粘贴到通道中

01 按下快捷键Ctrl+O，打开 10-2.bmp素材文件。按下快捷键Ctrl+A全选，再按下快捷键Ctrl+C复制图像，如右图所示。

02 单击"通道"面板中的 按钮，新建一个通道。按下快捷键Ctrl+V，即可将复制的图像粘贴到该通道中，如右图所示。

10.3.7　实例精讲：通过分离通道创建灰度图像

01 按下快捷键Ctrl+O，打开10-3.jpg素材文件，如右图所示。

> **提示：分离通道**
>
> 通过分离通道操作创建的灰度图像文件大小是相同的，但是PSD格式分层图像不能进行分离通道的操作。

02 执行"通道"面板菜单中的"分离通道"命令，可以将通道分离成单独的灰度图像文件，其标题栏中的文件名为源文件的名称加上该通道名称的缩写，原文件则关闭，如下图所示。当需要在不能保留通道的文件格式中保留单个通道信息时，分离通道非常有用。

03 如果图像为CMYK模式，则执行"分离通道"命令后，可将图像分离成单独的四个灰度图像，效果分别如下图所示。

10.3.8　"计算"命令

"计算"命令的工作原理与"应用图像"命令相同，它可以混合两个来自一个或多个源图像的单个通道。使用该命令可以创建新的通道和选区，也可生成新的黑白图像。

打开10-4.bmp素材文件，执行"图像>计算"命令，打开"计算"对话框，如下图所示。

❶ 源1：用来选择第一个源图像、图层和通道。

❷ 源2：用来选择与"源1"混合的第二个源图像、图层和通道。该图像文件必须是打开的，并且与"源1"的图像具有相同尺寸和分辨率。

❸ 结果：可以选择一种计算结果的生成方式。选择"通道"选项，可以将计算结果应用到新的通道中，参与混合的两个通道不会受到任何影响；选择"新建文档"选项，可得到一个新的黑白图像；选择"选区"选项，可得到一个新的选区，如下图所示。

选择"新建通道"选项

选择"选区"选项

选择"新建文档"选项

> **提示："计算"对话框的选项**
>
> "计算"对话框中的"图层""通道""混合""不透明度"和"蒙版"等选项与"应用图像"命令相同。

案例：利用"计算"命令抠图

　　使用"计算"命令进行抠图时，通过在"计算"对话框中的相关设置，可以很容易得到图像的高光、中间调和暗部，下面介绍具体操作方法。

01 执行"文件>打开"命令，在弹出的"打开"对话框中选择10-5.jpg素材，单击"打开"按钮。按下Ctrl+J组合键，复制"背景"图层，如下图所示。

02 要计算高光，则在"图层"面板中单击"通道"进入"通道"面板，执行"图像>计算"命令，在弹出的"计算"对话框中设置"源1""源2"的"通道"为灰色，取消勾选两个"反相"复选框，单击"确定"按钮。按下Ctrl键单击"通道"面板中新生成图层的缩略图，调出高光选区，回到"图层"面板中，选择图层按下Ctrl+J组合键复制一层，得到的新图层就是图像的高光区域，如下图所示。

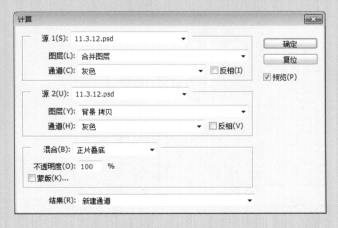

03 要计算暗部，则在"图层"面板中单击"通道"进入"通道"面板，执行"图像>计算"命令，在弹出的"计算"对话框中设置"源1""源2"的"通道"为灰色，勾选两个"反相"复选框，单击"确定"按钮。按下Ctrl键单击"通道"面板中新生成图层的缩略图，调出暗部选区，回到"图层"面板中，选择图层，按下Ctrl+J组合键复制一层，得到的新图层就是图像的暗部区域，如下图所示。

04 要计算中间调，则在"图层"面板中单击"通道"进入"通道"面板，执行"图像>计算"命令，在弹出的"计算"对话框中设置"源1""源2"的"通道"为灰色，任意勾选其中一个"反相"复选框，单击"确定"按钮。按下Ctrl键单击"通道"面板中新生成图层的缩略图，在弹出的警告对话框中单击"确定"按钮，回到"图层"面板中。选择图层，按下Ctrl+J组合键复制一层，得到的新图层就是图像的中间调区域，如下图所示。

10.4 通道与抠图

抠图是指将一个图像的部分内容准确地取出来，使其与背景分离。在图像处理中，抠图是非常重要的工作，抠选的图像是否准确、彻底，是影响图像合成效果真实性的关键。

通道是非常强大的抠图工具，我们可以通过它将选区存储为灰度图像，再使用各种绘画工具、选择工具和滤镜工具来编辑通道，制作出精确的选区。由于可以使用许多重要的功能编辑通道，在通道中制作选区时，就要求操作者要具备全版面的级数和融会贯通的能力。

下图1为带毛发的一顶帽子的图像，它的毛发比较复杂。在制作毛发选区时，笔者用到了"通道混合器"、画笔工具和混合模式等功能。下图2为在通道中制作的选区，下图3为抠出的图像，下图4为加入新背景后的效果。

图1：原图　　图2：通道中的帽子的选区（白色）　图3：图像中的戴帽人物选区　　图4：更换背景

对于像毛发类细节较多且复杂的对象，烟雾、玻璃杯等带有一定透明度的对象，高速行驶的汽车、奔跑中的人物等模糊的对象，通道是最佳的抠图工具。下图是利用通道和快速选择工具抠出人物和头发，并为人物更换背景的效果。

10.4.1 实例精讲：用颜色通道抠取图像

要点：本案例主要介绍通过调整颜色通道的对比度，执行通道抠图的操作方法，具体步骤如下。

01 按下快捷键Ctrl+O，打开10-6.jpg素材文件，按下快捷键Ctrl+J，复制"背景"图层，以便操作时不破坏原图，如下图所示。

02 选中"图层1"图层，执行"图像>调整>亮度/对比度"命令，打开"亮度/对比度"对话框，设置"亮度值"为27、"对比度"值为57，效果如下图所示。

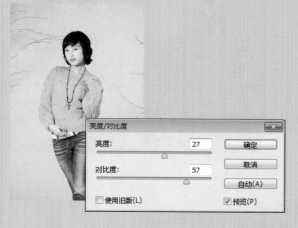

03 打开"通道"面板，逐一单击颜色通道，仔细观察哪一个颜色通道的图像部分与背景的对比度强。在此图像中，发现蓝色通道的对比度较明显，将蓝色通道选中并拖曳至"通道"面板下面的新建按钮，将其复制，如下图所示。

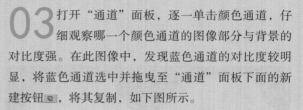
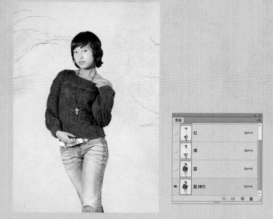

04 按下快捷键Ctrl+L，打开"色阶"对话框，调整蓝色通道的对比度，如下图所示。

05 选择画笔工具，将前景色设置为黑色，在选项栏中设置好相关参数后，在图像中涂抹，白色为可被选择的区域，如下图所示。

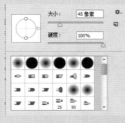

06 单击工具栏中的锐化工具 △，在人物头发边缘涂抹，使头发边缘更加清晰（黑白对比度明显），如下图所示。

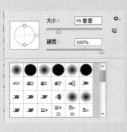

07 单击"通道"面板下的"将通道作为选区载入"按钮 ○，将通道转换为选区。

08 双击"图层"面板中的"背景"图层，将其转换为普通图层，并且用通道选区限定图像的范围，如下图所示。

09 将"图层1"图层删除，然后打开10-7.jpg素材文件，将人物选区拖入该文件中，并且调整人物的大小与位置，如下图所示。

10 将人物图层复制，并且设置"图层1拷贝"的混合模式为"滤色"、不透明度为65%，调整其位置，效果如下图所示。

10.4.2 实例精讲：通过合并通道创建彩色图像

要点： 在Photoshop中，多个灰度图像可以合并为一个图像的通道，创建为彩色图像。但图像必须是灰度模式、具有相同的像素尺寸且处于打开的状态。

01 按下快捷键Ctrl+O，打开10-8.jpg、10-9.jpg、10-10.jpg素材文件，可见三个均为灰度图像，如下图所示。

02 执行"通道"面板菜单中的"合并通道"命令，打开"合并通道"对话框。在"模式"下拉列表中选择"RGB颜色"选项，单击"确定"按钮。弹出"合并RGB通道"对话框，设置各个颜色通道对应的图像文件，如下图所示。

03 单击"确定"按钮，将它们合并为一个彩色的RGB图像。如果在"合并RGB通道"对话框中改变通道所对应的图像，则合成后图像的颜色也不相同，如下图所示。

11

第11章

动作与自动化

程序是将需要实现的功能变成代码，在 Photoshop 中，我们可以将各种功能录制为动作，从而实现重复利用。另外，Photoshop 还提供了各种自动处理命令，从而提高我们的工作效率。本章主要讲解 Photoshop 动作与任务自动化的相关操作，包括文件的批处理、脚本以及数据驱动图形等操作。

主要内容
- 动作
- 批处理
- 脚本

知识点播
- "动作"面板
- 录制动作的操作内容
- 载入外部动作

11.1 动作

动作是用于处理单个文件或一批文件的一系列命令。在Photoshop中，我们可以将图像的处理过程通过动作记录下来，以后对其他图像进行相同的处理时，执行该动作便可以自动完成操作任务。下面我们来详细了解如何创建和使用动作。

11.1.1 了解"动作"面板

"动作"面板用于创建、播放、修改和删除动作。在"动作"面板的面板菜单中，底部包含了Photoshop预设的一些动作，选择一个动作，可将其载入到面板中，如下图所示。如果选择"按钮模式"命令，则所有的动作会变为按钮状。

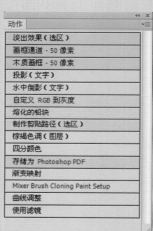

❶ 切换项目开/关✔：如果动作组、动作和命令前显示该标志，表示这个动作组、动作和命令可以执行；如果动作组或动作前没有该标志，表示该动作组或动作不能被执行；如果某一命令前没有该标志，则表示该命令不能被执行。

❷ 切换对话框开/关▫：如果命令前显示该标志，表示动作执行到该命令时会暂停，并打开相应命令的对话框，此时可修改命令的参数，单击"确定"按钮可继续执行后面的动作；如果动作组或动作前出现该标志，并显示为红色▫，则表示该动作中有部分命令设置了暂停。

❸ 动作组/动作/命令：动作组是一系列动作的集合，动作是一系列操作命令的集合。单击命令前的 ▷ 按钮，可以展开命令列表，显示命令的具体参数。

❹ 停止播放/记录■：用来停止播放动作和停止记录动作。

❺ 开始记录●：单击该按钮，可录制动作。

❻ 播放选定的动作▶：选择一个动作后，单击该按钮可播放选择的动作。

❼ 创建新组▫：可创建一个新的动作组，以保存新的动作。

❽ 创建新动作▫：单击该按钮，可创建一个新的动作。

❾ 删除▫：选择动作组、动作和命令后，单击该按钮，可将其删除。

11.1.2 实例精讲：录制用于处理照片的动作

下面我们来录制一个将照片处理为反冲效果的动作，并用该动作处理其他照片。

01 按下快捷键Ctrl+O，打开11-1.jpg素材文件。打开"动作"面板，单击"创建新组"按钮 📁，打开"新建组"对话框，输入动作组的名称，单击"确定"按钮，新建一个动作组，如下图所示。

02 单击"创建新动作"按钮 📄，打开"新建动作"对话框，输入动作名称，将"颜色"设置为蓝色，单击"记录"按钮，开始录制动作。此时，面板中的"开始记录"按钮会变为红色 ●，如下图所示。

03 执行菜单栏中的"图像>调整>色彩平衡"命令，在"色彩平衡"对话框中设置参数后，单击"确定"按钮，将该命令记录为动作，如下图所示。

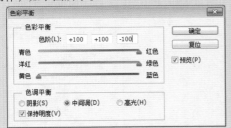

04 按下快捷键Shift+Ctrl+S，将文件另存，然后关闭文件。单击"动作"面板中的"停止播放/记录"按钮 ■，完成动作的录制。由于我们在"新建动作"对话框中将动作设置为蓝色，因此，按钮模式下新建的动作显示为蓝色，便于区分，如下图所示。

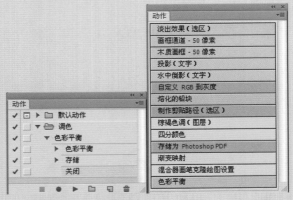

05 接下来使用录制的动作处理其他图像。打开14-1-2-1.jpg素材文件，选择"色彩平衡"动作，单击 ▶ 按钮播放该动作，经过动作处理的图像效果如下图所示。"动作"面板为按钮模式时，可单击一个按钮播放该动作。

11.1.3 可以录制为动作的操作内容

在Photoshop中，使用"选框""移动""多边形""套索""魔棒""裁剪""切片""魔术橡皮擦""渐变""油漆桶""文字""形状""注释""吸管"和"颜色取样器"等工具进行的操作均可录制为动作。另外，在"色板""颜色""图层""样式""路径""通道""历史记录"和"动作"面板中进行的操作也可以录制为动作。对于一些不能被记录的操作，可以插入菜单项目或者停止命令。

动作的播放技巧如下：
- 按照顺序播放全部动作：选择一个动作，单击"播放选定的动作"按钮▶，可按照顺序播放该动作中的所有命令。
- 从指定命令开始播放动作：在动作中选择一个命令，单击"播放选择定的动作"按钮▶，可以播放该命令及后面的命令，它之前的命令不会播放。
- 播放单个命令：按住Ctrl键双击面板中的一个命令，可单独播放该命令。
- 播放部分命令：当动作组、动作和命令前显示有切换项目开关✔时，表示可以播放该动作组、动作和命令。如果取消某些命令前的勾选，这些命令便不能够播放；如果取消某一动作前的勾选，该动作中的所有命令都不能够播放。

11.1.4 实例精讲：在动作中插入命令

01 打开11-1.jpg素材文件，单击"动作"面板中的"色彩平衡"命令，将该命令选择，如下图所示。将在该命令后面添加新的命令。

02 单击"开始记录"按钮●录制动作，执行"滤镜>模糊>高斯模糊"命令，设置参数，然后关闭对话框。单击"停止播放/记录"按钮■，停止录制，即可将高斯模糊图像的操作插入到"色彩平衡"命令的后面，如下图所示。

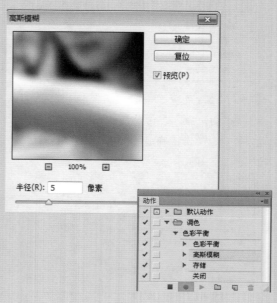

11.1.5　动作的基本编辑

1. 重排、重复与删除动作

在"动作"面板中，将动作或命令拖移至同一动作或另一动作中的新位置，即可重新排列动作和命令，如右图所示。按住Alt键移动动作命令，或者将动作和命令拖至"创建新动作"按钮 🗋 上，可以将其复制。

将动作或命令拖至"动作"面板中的删除按钮 🗑 上，可将其删除。执行面板菜单中的"清除全部动作"命令，可删除所有动作。需要将面板恢复为默认的动作，可执行面板菜单中的"复位动作"命令。

2. 修改动作的名称和参数

如果要修改动作组或动作的名称，可以将它选择，如图1所示；然后执行面板菜单中的"组选项"或"动作选项"命令，打开"动作选项"对话框进行设置，如图2所示；如果要修改命令的参数，可以双击命令，如图3所示；打开该命令的对话框修改参数，如图4所示。

图1　　　　　　　　图2　　　　　　　　图3　　　　　　　　图4

3. 指定回放速度

执行"动作"面板菜单中的"回放选项"命令，打开"回放选项"对话框，在对话框中可以设置动作的播放速度，也可以将其暂停，以便对动作进行调试。

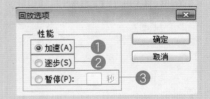

❶ 加速：默认的选项，以正常的速度播放动作。

❷ 逐步：显示每个命令的处理结果，然后再转入下一个命令，动作的播放速度较慢。

❸ 暂停：选择该单选按钮并输入时间值，可指定播放动作时各个命令的间隔时间。

4. 载入外部动作库

执行"动作"面板菜单中的"载入动作"命令，打开"载入"对话框，选择文件夹中的一个动作，单击"载入"按钮，可将其载入到"动作"面板中，如右图所示。

11.2 批处理

批处理是指将动作应用于所有的目标文件。我们可以通过批处理来完成大量相同的、重复性的操作，以节省时间，提高工作效率，并实现图像处理的自动化。

11.2.1 实例精讲：处理一批图像文件

要点：批处理是非常实用的功能，我们可以使用它批量处理照片，如调整照片的大小和分辨率，或者对照片进行锐化、模糊等处理。在进行批处理前，首先应该将需要批处理的文件保存到一个文件夹中，如右图所示。然后在"动作"面板中录制好动作。我们可以使用前面录制的动作来完成此次练习。

01 打开"动作"面板，将"调色"动作组中的停止、工作路径等命令拖动到删除动作按钮上，将其删除，如下图所示。

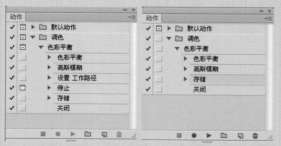

02 执行"文件>自动>批处理"命令，打开"批处理"对话框。在"播放"选项组中选择要播放的动作，然后单击"选择"按钮，打开"浏览文件夹"对话框，选择图像所在的文件夹，如图所示。

03 在"源"下拉列表中选择"文件夹"选项，单击"选择"按钮，在打开的对话框中指定完成批处理后文件的保存位置，然后关闭对话框，勾选"覆盖动作中的'打开'命令"复选框，如下图所示。

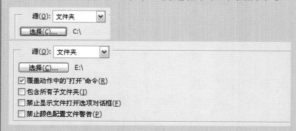

04 接下来便可以进行批处理操作了，单击"确定"按钮，Photoshop就会使用所选动作将文件夹中的所有图像都处理为反冲效果，如下图所示。在批处理过程中，如果要终止操作，可以按下Esc键。

11.2.2 "批处理"对话框的主要选项

"批处理"命令可以对一个文件夹中的文件运行动作，对该文件夹中所有图像文件进行编辑处理，从而实现操作自动化。显然，执行"批处理"命令将依赖于某个具体的动作。

在Photoshop CC 2019窗口中执行"文件>自动>批处理"命令，就可打开"批处理"对话框，其中有4个参数设置区域，用来定义批处理时的具体方案。

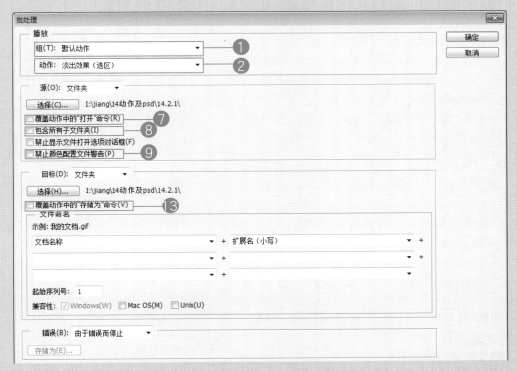

1. "播放"选区

❶ 组：单击"组"下拉按钮，在弹出的下拉列表中显示当前"动作"面板中所载入的全部动作序列，用户可以自行选择。

❷ 动作：单击"动作"下拉按钮，在弹出的下拉列表中显示当前选定动作序列中的全部动作，用户可以自行选择。

2. "源"选区

❸ 文件夹：用户对已存储在计算机中的文件播放动作，单击"选择"按钮，可以查找并选择文件夹。

❹ 导入：用于对来自数码相机或扫描仪的图像导入和播放动作。

❺ 打开的文件：用于对所有已打开的文件播放动作。

❻ Bridge：用于对在Photoshop CC文件浏览器中选定的文件播放动作。

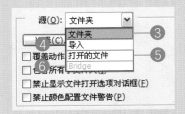

⑦ 覆盖动作中的"打开"命令：如果想让动作中的"打开"命令引用批处理文件，而不是动作中指定的文件名，则勾选该复选框。要勾选此复选框，则动作必须包含一个"打开"命令，因为"批处理"命令不会自动打开源文件，如果记录的动作是在打开的文件上操作的，或者动作包含所需要的特定文件的"打开"命令，则取消勾选该复选框。

⑧ 包含所有子文件夹：勾选该复选框，则处理文件夹中的所有文件，否则仅处理指定文件夹中的文件。

⑨ 禁止颜色配置文件警告：勾选该复选框，将关闭颜色方案信息显示。

3. "目标"选区

⑩ 无：文件将保持打开而不存储更改（除非动作包括"存储"命令）。

⑪ 存储并关闭：文件将存储在它们的当前位置，并覆盖原来的文件。

⑫ 文件夹：处理过的文件将存储到另一指定位置，源文件不变，单击"选择"按钮，可以指定目标文件夹。

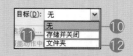

⑬ 覆盖动作中的"存储为"命令：如果想让动作中的"存储为"命令引用批处理的文件，而不是动作中指定的文件名和位置，勾选该复选框。要勾选此复选框，则动作必须包含一个"存储为"命令，因为"批处理"命令不会自动存储源文件，如果动作包含它所需的特定文件的"存储为"命令，则取消选择该复选框。

⑭ "文件命名"选区：如果选择"文件夹"作为目标，则指定文件命名规范并选择处理文件的文件兼容性选项。

对于"文件命名"，从下拉列表中选择元素，或在要组合为所有文件的默认名称栏中输入文件，这些栏可以更改文件名各部分的顺序和格式，因为子文件夹中的文件有可能重名，所以每个文件必须至少有一个唯一的栏—方文件相互覆盖。

对于"兼容性"，则勾选Windows复选框，如下图所示。

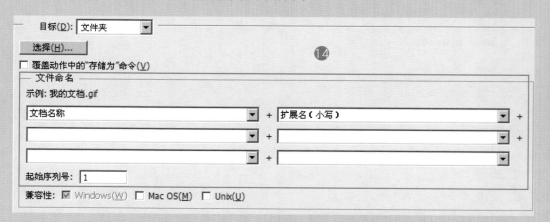

4. "错误"下拉列表

⑮ 由于错误而停止：出错将停止处理，知道确认错误信息为止。

⑯ 将错误记录到文件：将所有错误记录在一个指定的文本文件中而不停止处理，如果有错误记录到文件中，则在处理完毕后将出现一条信息，若要使用错误文件，需要单击"存储为"按钮，并重命名错误文件名。

11.3 脚本

Adobe Photoshop最强有力的工具不单单是图像编辑工具,还有"脚本"(Actions)功能。该功能的使用方法其实很简单,但遗憾的是Photoshop的新用户很少有人知道这一功能的存在,甚至对其闲置不用。"脚本"可以将Photoshop的编辑工具和插件滤镜组合在一个文件中,只需点击一次鼠标即可启动。在这些"脚本"中,有些能够实现50多项功能,使用了多个插件滤镜,并加入了几十个参数。即便你能够记住实现某种效果的方法,但要想每次都把各个功能中的参数选正确就不是一件容易的事情。在这方面,"脚本"为你节省了大量时间。

Photoshop 精通 用脚本制作全景照片

要点: 当置身于如诗如画的美景中,你是否想过将四周的一切美好事物都留下来? 当新房装修完毕,你是否想过全方位向好友展示你的爱巢呢? 当一个Party结束合影时却发现相机无法将所有人摄入镜头中,你是否有一个好的解决方法呢? 此时制作一幅全景图无疑是最好的解决方案。

01 要将文件载入堆栈,则执行"文件>脚本>将文件载入堆栈"命令,在弹出的"载入图层"对话框中,单击"浏览"按钮,在弹出的"打开"对话框中选择需要合成全景图的文件,单击"确定"按钮。

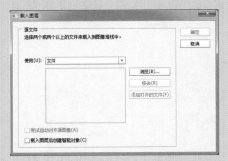

02 要拼合全景图,则首先选中所有图层,执行"编辑>自动对齐图层"命令,在弹出的"自动对齐图层"对话框中,单击"确定"按钮,如下图所示。

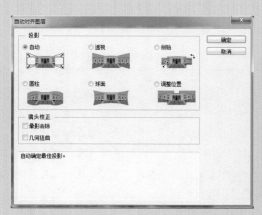

03 在工具栏中选择裁剪工具，将画面中不需要的部分裁减掉，效果如下图所示。

用脚本处理照片焦距不准确问题

两张一样位置和光照的照片其模糊的位置不一样，该怎样处理它焦距不准确的问题呢？下面我们就来介绍利用脚本处理照片焦距不准确的问题。

若自动对焦，则执行"文件>脚本>将文件载入堆栈"命令，在弹出的"载入图层"对话框中单击"浏览"按钮，选择11-3-1.png、11-3-2.png素材文件，单击"确定"按钮，此时生成的图像会自动保留清晰的区域。要是图像中还存在模糊区域，我们可以借助蒙版和画笔擦出图层的清晰区域，如右图所示。

编辑 Web 图形

12

使用 Photoshop 的 Web 工具可以帮助我们设计和优化单个 Web 图形或整个页面布局,轻松创建网页的组件。例如,使用图层和切片可以设计网页和网页界面元素;通过图层复合,可以试验不同的页面组合或导出页面的各种变化形式。本章主要学习创建与编辑 Web 图形的方法。

第12章

主要内容

- 创建切片
- 优化图像

知识点播

- 创建切片的方法
- 优化图像
- Web 图形优化选项

12.1 创建切片

在制作网页时，通常要对页面进行分割，即制作切片。通过优化切片可以对分割的图像进行不同程度的压缩，以便减少图像的下载时间。另外，还可以为切片制作动画、链接到URL地址，或者使用它们制作翻转按钮等。

12.1.1 了解Web安全色与切片

颜色是网页设计的重要内容，然而我们在电脑屏幕上看到的颜色却不一定都能够在其他系统上的Web浏览器中以同样的效果显示。为了使Web图形的颜色能够在所有的显示器上看起来一模一样，在制作网页时，就需要使用Web安全色。

在"颜色"面板或"拾色器"对话框中调整颜色时，如果出现警告图标 ⬜，可以单击该图标，将当前颜色替换为与其最接近的Web安全颜色，如右图所示。

在设置颜色时，也可以选择"颜色"面板菜单或者"拾色器"对话框中的选项，以便始终在Web安全颜色模式下工作，如下图所示。

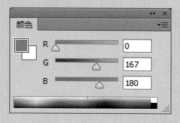
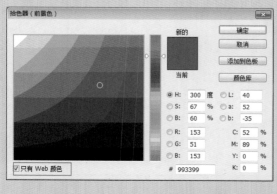

在Photoshop中，使用切片工具创建的切片称作用户切片，通过图层创建的切片称作基于图层的切片。创建切片或基于图层的切片时，会生成附加的自动切片来占据图像的其余区域，自动切片可填充图像中用户切片或基于图层的切片未定义的空间。每次添加或编辑用户切片或基于图层的切片时，都会重新生成自动切片。用户切片和基于图层的切片由实线定义，而自动切片则由虚线定义，如右图所示。

12.1.2 实例精讲：创建切片的方法

要点：本次实例主要介绍使用切片工具创建切片，以及基于参考性创建切片的方法。

1. 使用切片工具创建切片

01 执行 "文件>打开" 命令，或按下快捷键Ctrl+O，打开12-1.jpg素材文件。

02 选择切片工具 ，在要创建切片的区域上单击并拖出一个矩形框，放开鼠标即可创建一个用户切片，矩形框以外的部分会生成自动切片，如下图所示。

2. 基于参考线创建切片

01 按下快捷键Ctrl+O，打开12-2.jpg素材文件，如下图所示。

02 按下快捷键Ctrl+R，或者执行 "视图>标尺" 命令，显示标尺，如下图所示。

03 分别从水平标尺和垂直标尺上拖出参考线，定义切片的范围，如下图所示。

04 选择切片工具 ，单击工具选项栏中"基于参考线的切片"按钮，即可基于参考线的划分方式创建切片，如下图所示。

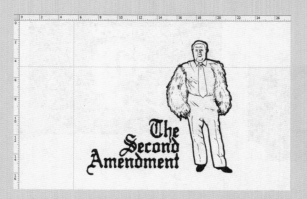

3. 基于图层创建切片

01 按下快捷键Ctrl+O，打开12-3.psd素材文件，如下图所示。

02 在"图层"面板中选择"图层1"图层，执行"图层>新建基于图层的切片"命令，基于图层创建切片，切片会包含该图层中的所有像素。

03 移动图层内容时，切片区域会随之自动调整，如下图所示。

04 编辑图层内容，如缩放时也是如此，如下图所示。

12.2 优化图像

创建切片后，需要对图像进行优化，以减小文件的大小。在Web上发布图像时，较小的文件可以使Web服务器更加高效地存储和传输图像，用户则能够更快地下载图像。

12.2.1 图像的优化控制选项

执行"文件>存储为Web所用格式"命令，打开"存储为Web所用格式"对话框，使用对话框中的优化功能，我们可以对图像进行优化和输出，如下图所示。

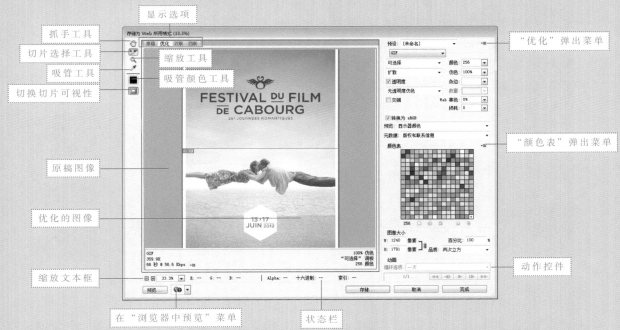

- 显示选项：单击"原稿"标签，窗口中只显示没有优化的图像；单击"优化"标签，窗口中只显示应用了当前优化设置的图像；单击"双联"标签，并排显示图像的两个版本，即优化前和优化后的图像；单击"四联"标签，并排显示图像的四个版本，如下右图所示。原稿外的其他三个图像可以进行不同的优化，每个图像下面都提供了优化信息，如优化格式、文件大小、图像估计下载时间等，通过对比选择出最佳的优化方案。

- 缩放工具 / 抓手工具 / 缩放文本框：使用缩放工具单击，可以放大图像的显示比例，按住Alt键单击则缩小显示比例，也可以在缩放文本框中输入显示百分比。使用抓手工具可以移动查看图像。

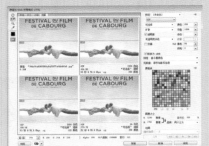

- 切片选择工具 ：当图像包含多个切片时，可使用该工具选择窗口中的切片，以便对其进行优化。

- 吸管工具 /吸管颜色 ：使用吸管工具在图像中单击，可以拾取单击点的颜色，并显示在吸管颜色图标中。

- 切换切片可视性 ：单击该按钮，可以显示或隐藏切片的定界框。

- "优化"弹出菜单：包含"存储设置""链接切片"和"编辑输出设置"等命令，如右1图所示。
- "颜色表"弹出菜单：包含与颜色表有关的命令，可新建颜色、删除颜色以及对颜色进行排序等，如右2图所示。
- 颜色表：将图像优化为GIF、PNG-8和WBMP格式时，可在"颜色表"中对图像颜色进行优化设置。
- 图像大小：将图像大小调整为指定的像素尺寸或原稿大小的百分比。
- 颜色表：将图像优化为GIF、PNG-8和WBMP格式时，可在"颜色表"中对图像颜色进行优化设置。
- 状态栏：显示光标所在位置图像的颜色值等信息。
- "在浏览器中预览"菜单：单击 按钮，可在系统上默认的Web浏览器中预览优化后的图像。预览窗口中会显示图像的题注，其中列出了图像的文件类型、像素尺寸、文件大小、压缩规格和其他HTML信息，如右图所示。如果要使用其他浏览器，可以在此菜单中选择"其他"选项。
- 在Adobe Device Central中测试：单击该按钮，可以切换到Adobe Device Central中对优化的图像进行测试。

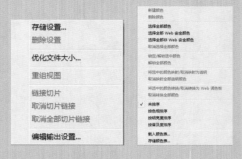

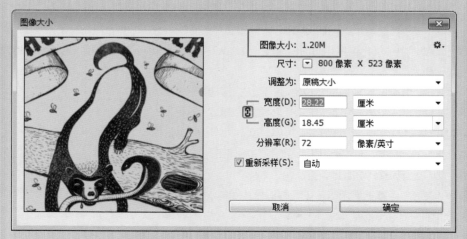

 12.2.2 实例精讲：精确控制图片的字节数大小

要点：有的图片占用内存很大，如何将它变成占用内存小一点的图片呢？下面我们就来学习精确控制图片文件字节大小的方法。

01 执行"文件>打开"命令，打开12-4.bmp素材文件，执行"图像>图像大小"命令，在弹出的"图像大小"对话框中查看图像的大小，以用来和我们修改之后图像大小作对比。

02 执行"文件>存储为Web所用格式"命令，在弹出的"存储为Web所用格式"对话框中设置"预设"为"JPEG高"，单击"存储"按钮。在弹出的"将优化结果存储为"对话框中选择存储位置，单击"保存"按钮。

03 到存储位置找到修改后文件并右击，选择"属性"命令，在打开的对话框中查看修改后文件字节的大小。

12.3 Web图像优化选项

在"存储为Web所用格式"对话框中选择需要优化的切片后，可在右侧的文件格式下拉列表中选择一种文件格式，并设置优化选项，对所选切片进行优化。

GIF是用于压缩具有单调颜色和清晰细节的图像（如艺术线条、徽标或带文字的插图）的标准格式，它是一种无损的压缩格式。PNG-8格式与GIF格式一样，也可以有效地压缩纯色区域，同时保留清晰的细节。这两种格式都支持8位颜色，因此他们可以显示多达256种颜色。在"存储为Web所用格式"对话框的文件格式下拉列表中选择GIF或PNG-8选项，可以显示他们的优化选项，如下图所示。

- 损耗：通过有选择地扔掉数据来减少文件大小，可以将文件减小5%到40%。通常情况下，应用5~10的"损耗"值不会对图像产生太大影响。数值较高时，文件虽然会更小，但图像的品质就会变差，如右图所示。

- 减低颜色深度算法/颜色：指定用于生成颜色查找表的方法，以及想要在颜色查找表中使用的颜色数量。右图为不同颜色数量的图像效果。

- 仿色算法/仿色："仿色"是指通过模拟计算机的颜色来显示系统中未提示颜色的方法。较高的仿色百分比会使图像中出现更多的颜色和细节，但也会增大文件大小。右图分别是设置"颜色"为60、"仿色"为0的GIF图像和设置"仿色"为100%的图像效果。

- 透明度/杂边：确定如何优化图像中的透明像素。右1图为勾选"透明度"复选框，但未设置杂边颜色的效果；右2图为未勾选"透明度"复选框，并设置杂边颜色为绿色的效果。

- 交错：当图像文件正在下载时，在浏览器中会显示图像的低分辨率版本，使用户感觉下载时间更短。但会增加文件的大小。

- Web靠色：指定将颜色转换为最接近的Web面板等效颜色的容差级别（并防止颜色在浏览器中进行仿色）。该值越高，转换的颜色越多。

13

第13章

创建与编辑文字

文字是设计作品的重要组成部分，它不仅可以传达信息，还能起到美化版面、强化主题的作用。Photoshop提供了多个用于创建文字的工具，文字的编辑方法也非常灵活。在本章中，我们将详细了解文字的创建与编辑方法。

主要内容

- 创建文字
- 编辑文字
- 文字变形

知识点播

- 文字工具
- 文字类型
- 文字调整

13.1 创建文字

应用文字工具，可以在图像中加入文字。创建文字后，我们还可以对字体的大小、颜色、文字间距等进行调整。下面我们将对文字工具的相关应用进行介绍。

13.1.1 设定选区的工具组

在广告、网页或者印刷品等作品中，能够直观地将信息传递给观众的载体就是文字。将文字以更加丰富多彩的方式加以表现，是设计领域里面一个至关重要的主题。文字效果的应用早已扩展到多媒体、演示、网页等各个领域。

Photoshop提供的文字工具，可以对文字进行适当操作，使其应用特效。使用文字工具输入文字，与一般程序中编辑输入文字的方法基本一致，但是Photoshop可以给文字添加多样的字体特效，使输入的文字更加生动、漂亮。

文字工具组中的工具用于文字、文字蒙板工具纵向或者横向输入文字。		横排文字工具：快捷键为T 直排文字工具：快捷键为T 横排文字蒙板工具：快捷键为T 直排文字蒙板工具：快捷键为T

横排文字

文字变形

输入不规则的文字

封面文字版式效果

对文字进行设计

13.1.2　文字的类型

Photoshop中的文字是由以数学方式定义的形状组成的，在将文字栅格化之前，Photoshop会保留关于矢量的文字轮廓，我们可以任意缩放文字，或调整文字大小而不会产生锯齿。

我们可以通过三种方式创建文字：在点上创建、在段落中创建和沿路径创建。Photoshop提供了四种文字工具，其中横排文字工具和直排文字工具用来创建点文字、段落文字和路径文字，而横排文字蒙版工具和直排文字蒙版工具用来创建文字选区。

13.1.3　文字工具的选项栏

在工具箱中选择横排文字工具，图像窗口上端将显示下图所示的选项栏。

❶ 更改文字方向：可以选择纵向或横向的文本输入方向，每次单击都会更改当前的文字方向。

横向文字　　　　　　　　　纵向文字　　　　　　　　　英文横向　　　　　　　　　英文纵向

❷ 设置字体：选择要输入文字的字体。单击▼下拉菜单按钮后，可以从字体列表中选择需要的字体。该列表中包含Windows系统默认提供的字体以及用户自己安装的字体。

❸ 设置字体大小：指定输入文字的大小。单击右侧的▼下拉按钮，可以选择需要的字体大小。用户也可以直接在文本框中输入字体大小值。

❹ 设置消除锯齿的方法：将文字的轮廓线和周围的颜色混合之后，使图片更加自然的一项文字处理功能。单击下拉按钮可以选择需要的效果。

● **无**：在文字的轮廓线中不应用消除锯齿功能，以文字原来的样子加以表现。

● **锐利**：使文字的轮廓线比"无"更加柔和，但比"犀利"粗糙。

● **犀利**：使文字的轮廓线柔和。通过调整混合颜色的像素值，可以更加细腻地表现文字。

无　　　　　　　　　　　　　　　　锐利　　　　　　　　　　　　　　　　犀利

- 浑厚：加深消除锯齿功能的应用效果，使照片更加柔和。通过增加混合颜色的像素数，使文字稍微变大。
- 平滑：在文字的轮廓中加入自然柔和的效果。这是Photoshop消除锯齿功能的默认选项。

浑厚   平滑

⑤ 设置文字对齐方式：对输入的文本进行左对齐、右对齐或者居中对齐。

左对齐   居中对齐   右对齐

⑥ 设置文本颜色：单击颜色框，会显示"拾色器（文本颜色）"对话框，在该对话框中可以直接指定需要的颜色，也可以通过输入颜色值来设置文字的颜色。

　　在这里我们若要选择Web颜色，可以通过勾选"只要Web颜色"复选框，将颜色更改为Web的颜色面板。

 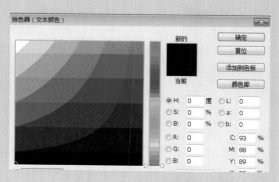

文本颜色设置对话框   Web文本颜色设置对话框

⑦ 创建文字变形按钮：使文字的样式更加多样。单击该按钮后，将弹出"变形文字"对话框，单击"样式"后面的下拉按钮，在下拉列表中选择需要的文字样式。

原图   "变形文字"对话框

13.1.4 "字符"面板

执行"Type>面板>字符面板"命令，或单击文字选项栏中的"切换字符和段落"按钮▤，会显示"字符"面板，再次单击该按钮，会隐藏与文字相关的"字符"面板和排版相关的"段落"面板。

应用"字符"面板可以对文字的字体、大小、间隔、颜色、字间距、行间距、平行以及基准线调整等进行详细的设置。

ⓐ 更改文本方向：将输入的文本更改为横向或者纵向。

ⓑ 仿粗体：文字以粗体显示。

ⓒ 仿斜体：文字以斜体显示。

ⓓ 全部大写字母：文字以大写字母显示。

ⓔ 上标：文字以上标显示。

ⓕ 下标：文字以下标显示。

ⓖ 下划线：在文字下添加下划线。

ⓗ 删除线：在选定文字上添加删除线。

ⓘ 分数宽度：任意调整文字之间的间距。

ⓙ 系统版面：以使用者系统的操作文字版面进行显示。

ⓚ 无间断：保证文字不出现错误的间断。

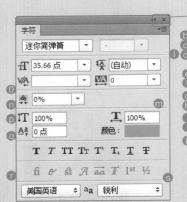

ⓛ 设置行距：调整文字的行间距。单击下拉按钮 ▾，可以选择行间距的数值，也可以直接输入数值。默认的值为"自动"，值越大，间距越宽。

行间距：自动

行间距：10

行间距：30

ⓜ 水平缩放：用于调整字符的宽度，可以应用该选项进行设置，系统默认值为100%，值越大，文字越扁。

水平缩放：100%

水平缩放：50%

水平缩放：150%

⓪ 垂直缩放：在垂直方向上调整文字的高度时，可以应用此选项进行设置，默认值为100。如果选的数值比默认值大，那么文字就会被拉长。

垂直缩放：100%　　垂直缩放：50%　　垂直缩放：150%

⓪ 设置所选字符的字距间距：缩小或者放大文字的字间距。字间距的默认值为0，值越大，字间距越宽。

字间距：0%　　字间距：–50%　　字间距：–100%

ⓟ 设置基线偏移：调整文字的基线。默认值为0，如果设置的数值比默认值大，基线上移，相反则下移。

基线偏移：50点　　基线偏移：0点　　基线偏移：–50点

ⓠ 样式：将文字变为粗体或者斜体，或者设置为上标和下标。

photoshop cc	**photoshop cc**	*photoshop cc*
原文	仿粗体 T	仿斜体 T
PHOTOSHOP CC	PHOTOSHOP CC	photoshop ᶜᶜ
全部大写字母 TT	小型大写字母 Tr	上标 T
photoshop ᴄᴄ	<u>photoshop cc</u>	~~photoshop cc~~
下标 T	下划线 T	删除线 T

ⓡ 语言设置：按国家选择语言。

ⓢ 设置消除锯齿的方法：设置文字的轮廓线形态。

13.1.5 "字符样式"面板

当我们需要对大量文字进行编辑时，难免会将多段文字设置成一样的格式，如果每次都将文字选中，然后在选项栏或"字符"面板中设置属性，这样会很复杂，并且浪费时间，Photoshop软件的"字符样式"面板就可以很好地完成这一环节。

执行"Type>面板>字符样式"命令，或执行"窗口>字符样式"命令，都可以打开"字符样式"面板，具体介绍如下。

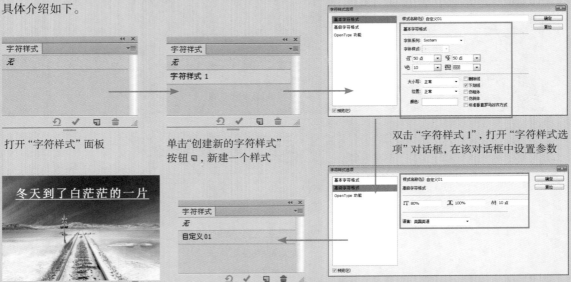

打开"字符样式"面板

单击"创建新的字符样式"按钮，新建一个样式

双击"字符样式 1"，打开"字符样式选项"对话框，在该对话框中设置参数

输入文字之后，单击"自定义 01"样式，即可对文字应用该样式

切换到"高级字符格式"选项，设置参数，完成后单击"确定"按钮

单击"字符样式"面板右上方的按钮，在弹出的下拉菜单中，可以执行不同的命令，如下图所示。

❶ 新建字符样式：选择该命令，可以新建一个字符样式，然后可以根据上述方法设置字符的参数，如下左图所示。

❷ 样式选项：选择该命令，可以打开"字符样式选项"对话框，重新设置字符参数，如下中图所示。

❸ 复制样式：选择该命令，可以将该样式复制，如下右图所示。

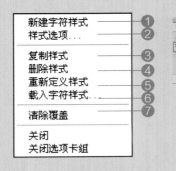

❹ 删除样式：如果不需要某个字符样式，我们可以将其选中，执行该命令，将其删除。

❺ 重新定义样式：如果要对字符样式进行更改，选择该命令，会弹出"字符样式选项"对话框，重新设置参数即可。

❻ 载入字符样式：选择该命令，可以打开"载入"对话框，选择已经设置好的字符样式将其载入。

❼ 清除覆盖：选择该命令，可以用当前的字符样式将原有的字符样式覆盖。

13.1.6 "段落"面板

"段落"面板用于设置段落属性，执行"Type>面板>段落面板"命令可以显示"段落"面板。如果要设置单个段落的格式，可以用文字工具在该段落中单击，设置文字插入点并显示定界框；如果要设置多个段落格式，要先选择这些段落；如果要设置全部段落的格式，则要在"图层"面板中选择该文本图层，如下图所示。

"段落"面板最上面的一排按钮用来设置段落的对齐方式，它们可以将文字与段落的某个边缘对齐。

左对齐

❶ 左对齐文本▤：文字左对齐，段落右端参差不齐。

❷ 居中对齐文本▤：文字居中对齐，段落两端参差不齐。

❸ 右对齐文本▤：文字右对齐，段落左端参差不齐。

❹ 最后一行左对齐▤：最后一行左对齐，其他行左右两端强制对齐。

❺ 最后一行居中对齐▤：最后一行居中对齐，其他行左右两端强制对齐。

❻ 最后一行右对齐▤：最后一行右对齐，其他行左右强制对齐。

❼ 全部对齐▤：在字符间添加额外的间距，使文本左右两端强制对齐。

> ⓘ 提示："字符"面板和"段落"面板的区别
>
> "字符"面板只能处理被选择的字符，"段落"面板则不论是否选择了字符都可以处理整个段落。

<table>
<tr><td>居中对齐</td><td>右对齐</td><td>最后一行左对齐</td></tr>
</table>

居中对齐　　　　　　　　右对齐　　　　　　　最后一行左对齐

最后一行居中对齐　　　　最后一行左对齐　　　　　全部对齐

⑧ 左缩进 ：调整整个文本左侧的空白。

⑨ 右缩进 ：调整整个文字的右侧空白。

⑩ 首行缩进 ：调整整个段落首行缩进。

⑪ 段前添加空格 ：在文本段前初始位置加入空格。

⑫ 段后添加空格 ：在文本末尾结束位置加入空格。

⑬ 连字：勾选该复选框后，输入英文单词时，部分文字转入下一行时用连字符表示。

左缩进：50点　　　　　　右缩进：50点　　　　　首行缩进：50点

段前添加空格：50点　　　段后添加空格：50点　　　　连字

13.1.7 "段落样式"面板

段落样式的用法与字符样式相似，两者的区别在于：字符样式是针对少量的文字来进行格式设置；而段落样式则是针对大量的段落文字来设置格式。执行"Type>面板>段落样式"命令，或执行"窗口>段落样式"命令，都可以打开"段落样式"面板，如右图所示。

打开"段落样式"面板以后，单击"创建新的段落样式"按钮，就会新建一个段落样式，对其双击，打开"段落样式选项"对话框，可以在不同的属性面板间切换，设置参数。

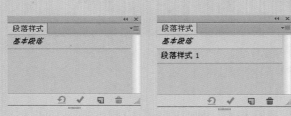

打开"段落样式"面板　　　　　新建一个段落样式　　　　　"基本字符样式"选项面板

"高级字符样式"选项面板　　　　　　　　"缩进和间距"选项面板

"排版"选项面板　　　　　　　　　　　　"对齐"选项面板

13.1.8 转换点文本与段落文本

点文本和段落文本可以互相转换。如果是点文本，可执行"文字>转换为段落文本"命令，将其转换为段落文本；如果是段落文本，可执行"文字>转换为点文本"命令，将其转换为点文本。

> **⊘ 提示：文本转换的技巧**
>
> 将段落文本转换为点文本时，所有定界框外的字符都会被删除。因此，为避免丢失文字，应首先调整定界框，使所有文字在转换前都显示出来。

紧排文字

我们在Photoshop中使用文字工具进行排版时，有时候会想要对个别文字之间的距离进行调整，下面就为大家介绍一种紧排文字的方法。当你想"紧排"（调整个别字母之间的间距），首先在两个字母之间单击，然后按住Alt键后用左右方向键调整。

原图　　　　　　　　　　　　　　　进入编辑状态

按住Alt键左移　　　　　　　　　　　按住Alt键右移

快速退出文字编辑状态

我们在Photoshop中使用文字工具进行文本编辑后，可以借助快捷键快速退出文字编辑状态。在Photoshop CC 2019中，我们可以通过按下Ctrl+Enter组合键或者按下Enter键，快速退出文字编辑状态。

原图　　　　　　　　　　　　　　　退出编辑状态

13.2 编辑文字

在利用Photoshop进行平面广告设计时，对文字的编辑是必不可少的。单一的文字会使整个版面看起来比较呆板，进行艺术文字效果设计将对版面起到了决定性作用，本节主要讲解文字的编辑操作。

13.2.1　设置文字的属性

在输入文字时，对文字属性的控制，集中在文字工具的选项栏中。在选项栏中，可以对文字的基本属性进行设置，包括字体、字号、颜色等。

若要设置文本的格式，我们可以在输入文字之前先在工具选项栏中设置，也可以在输入文字以后用文字工具将要设置文本格式的文字选中，再在此选项栏中设置，然后单击工具选项栏最右侧的"提交所有当前编辑"按钮 ✔，以确认操作。

如果要设置文字的更多属性，可以单击工具选项栏右侧的"切换字符和段落"按钮 ▣，弹出下图所示的字符面板进行设置。

设置行距，在行间距数值框中输入数值，或者在行间距下拉列表中选择一个数值，来设置两行文字之间的距离，间距值越大，两行文字之间的距离越大。

要设置所选择文字之间的间距，需要将光标插入文字中，字符微调参数才可以使用。此时，在文本框中输入数值，或者在下拉列表中选择数值，也可以设置光标距前一个字符的宽度。数值越大，此间距越大，如下图所示。

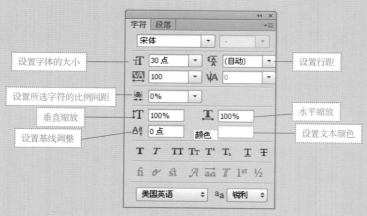

文字间的间距参数只有在选中文字时才可以用，此参数调整所选文字的间距，数值越大，文字间的距离越大。

调整参数控制文字处于基线的位置，可以设置文本基线，正数向上移，负数向下移。

13.2.2 实例精讲：沿指定路径排列文字

要点：下面我们来介绍沿路径排列文字的方法。在Photoshop中应用路径功能，可以沿着路径自动输入并排列文字。路径可以通过应用路径选择工具 ▶ 和直接选择工具 ▶ 进行适当地变形和更改。

01 执行"文件>打开"命令，打开13-1.jpg素材图片。选择工具箱中的钢笔工具 ⬕，然后在选项栏中单击 形状 ⬚ 右边的小三角按钮，在弹出的下拉列表中选择"路径"选项。

02 使用钢笔工具，在图像上单击可出现一点，在按住鼠标左键的同时进行拖动，可对曲线进行任意角度的旋转和拉出，然后在另一处单击，此时在两点之间将制作出曲线路径，如下图所示。

03 曲线绘制完成后，我们若感觉不够完美，可以选择直接选择工具，通过拖动锚点，调整锚点的位置，如下图所示。

04 选择工具箱中的文字工具，单击路径左侧的点，当光标位于路径之上时，输入文字。若要调整文字的大小、字体以及颜色，我们需要先将文字选中，如下图所示。

精通 文字工具的深层次运用

文字工具看起来很简单，其实它也有很多深层次的运用，下面我们就来了解一下文字工具的深层次运用。

（1）若要在渲染的小文字之上增加控制，我们有一条很有用的小贴士，即在当前的一个文字图层上双击进入输入/编辑模式，按住Ctrl键的同时，在图像窗口中移动文字，让它进行消除锯齿方式的渲染。如果对消除锯齿方式的效果满意，那么只需要按下Ctrl+Enter组合键来应用所做的变化。最后，就可以对文字随心所欲地定位，而又不会影响到消除锯齿方式的效果。

（2）要将点文本转换成段落文本，或是反操作，只需要在"图层"面板上显示T的图层上右击，选择"转换为段落文本"命令即可，如下左图所示。

（3）想要对几个文字图层的属性同时进行修改，例如字体、颜色、大小等，只要将想要修改的图层通过按住Shift键关联到一起，再进行属性修改即可。注意：这个特性的应用可以在"字符"或"段落"浮动面板中进行操作，如下右图所示。

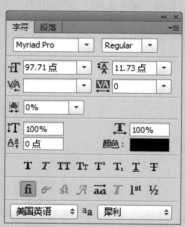

（4）尽管在文字图层中的"编辑>填充"命令和颜料桶工具都不能使用，但Alt+空格键（使用前景颜色填充）和Ctrl+空格键（使用背景颜色填充）仍然是可用的！

（5）合理利用文字工具，在图像窗口中右击文字图层来显示一个相关菜单，里面具有很多有用的格式设置选项。注意：在ImageReady中右键菜单的实用命令要比在Photoshop中所出现得更多。

（6）有些字体可能不支持粗体或者斜体，那么你可以试着对它们使用"字符"面板菜单中的仿粗体或是仿斜体。提示：你也可以通过右击文字图层来选择仿粗体和仿斜体选项。

（7）在需要同时改变文字或段落图层中的大小和行距时，按下Shift和Ctrl键。

（8）当处在输入/编辑模式时，执行"视图"菜单中的"显示额外内容"命令，能够将选定文本隐藏。

（9）为了限定Adobe应用程序使用的某些字体，请将它们放进C:\Program Files\Common Files\Adobe\Fonts\文件夹下。

（10）用户可以使用以下方法来启用一些高级的文字选择特性：

- 双击：选定字（选定一个单词）；
- 连续单击三次：选定一行；
- 连续单击四次：选定一整段；
- 连续单击五次：一次将整个文本框中的所有字符选中。

14

第14章

滤镜的应用

只要轻轻一点，精彩效果立刻就会呈现出来，普通的图像转眼间变为非凡的视觉效果图像，这就是滤镜独有的强大功能。在 Photoshop 中，有传统滤镜和一些新滤镜，每一种滤镜又提供了多种细分的滤镜效果，为用户处理位图提供了极大的方便。本章内容丰富有趣，我们可以按照实例的操作步骤进行制作。

主要内容

- 滤镜概述
- 滤镜库
- 滤镜组

知识点播

- 滤镜概念
- 滤镜类型
- 智能滤镜

14.1 滤镜概述

滤镜是Photoshop中最具吸引力的功能之一，它就是一个魔术师，可以把普通的图像变为非凡的视觉艺术作品。滤镜不仅可以制作各种特效，还能模拟素描、油画、水彩等绘画效果。在这一章中，我们来详细了解各种滤镜的特点与使用方法。

14.1.1 "滤镜"菜单

滤镜是一些经过专门设计，用于产生图像特殊效果的工具，就好像是许多特制的眼镜，分别戴上后所看到的图像，都会具有各种特定的效果。本小节为大家推荐几个经典的滤镜。

当需要对图片进行独特的效果设置时，经常会用到滤镜，以下就是滤镜菜单中的一些独特效果功能。

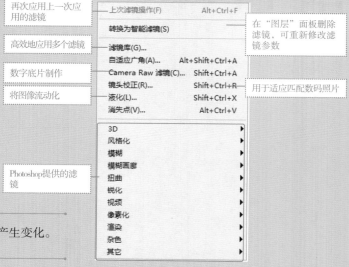

1. 3D

制作三维图形。

2. 风格化

在图像上应用质感或亮度，在样式上产生变化。

3. 模糊

将像素的变现设置为模糊状态，可以在图像上表现速度感或晃动的效果。

4. 模糊画廊

设计出相机镜头场景的模糊效果。

5. 扭曲

移动构成图像的像素，进行变形、扩展或缩小，可以将原图像变形为各种形态。

6. 锐化

将模糊的图像制作为清晰的效果，提高主像素的颜色对比值，使画面更加明亮细腻。

7. 视频

"视频"子菜单包含"逐行"滤镜和"NTSC 颜色"滤镜。

8. 像素化

变形图像的像素，重新构成，可以在图像上显示网点或者表现出铜版画的效果。

9. 渲染

在图像上制作云彩形态、设置照明或镜头光晕效果，制作出各种特殊效果。

10. 杂色

在图像上提供杂点，设置效果或者删除由于扫描而产生的杂点。

11. 其他

一些另类的滤镜。

14.1.2 实例精讲：滤镜的使用技巧

01 每次执行完一个滤镜命令后，"滤镜"菜单的第一行便会出现该滤镜的名称，选中该命令或按下Ctrl+F组合键，可以快速应用这一滤镜。如果要对该滤镜的参数重新调整，可以按Alt+Ctrl+F组合键，打开滤镜的对话框重新设置参数，如右图所示。

02 在任意滤镜对话框中按住Alt键，"取消"按钮都会变成"复位"按钮，单击"复位"按钮可以将参数恢复到初始状态。

03 应用滤镜的过程中如果要终止处理，可以按下Esc键。

04 使用滤镜时通常会打开滤镜库或相应的对话框，在预览框中可以预览滤镜效果，单击 — 或 + 按钮可以缩小或放大显示比例，如右图所示。单击并拖动预览框内的图像，可以移动图像。如果想要查看某一区域内的图像，可在文档中单击，滤镜预览框中会显示单击处的图像，如下左图和下右图所示。

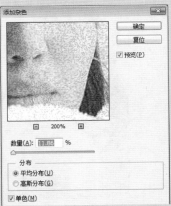

05 使用处理图像后，执行"编辑>渐隐"命令可以修改滤镜效果的混合模式和不透明度。"渐隐"命令必须是在进行了编辑操作后立即执行，如果中间又进行了其他操作，则无法执行该命令。

执行"添加杂色"滤镜命令后的效果

修改滤镜的混合模式和不透明度后的效果

14.2 滤镜库

滤镜库是一个整合了多种滤镜的对话框，它可以将一个或多个滤镜应用于图像，或者对同一图像多次应用同一滤镜，还可以使用对话框中的其他滤镜替换原有滤镜。

14.2.1 滤镜库概览

执行"滤镜>滤镜库"命令，或者使用"风格化""画笔描边""扭曲""素描""纹理"和"艺术效果"滤镜组中滤镜时，都可以打开"滤镜库"对话框，如下图所示。对话框的左侧是预览选区，中间是六组可供选择的滤镜，右侧是参数设置区。

1 **预览区**：用来预览滤镜效果。

2 **滤镜组/参数设置区**："滤镜库"中共包含六组滤镜，单击任意滤镜组前的▷按钮，可以展开该滤镜组。单击滤镜组中的一个滤镜即可使用该滤镜，与此同时，有的参数设置区内会显示该滤镜的参数选项。

3 **当前选择的滤镜组缩览图**：显示了当前使用的滤镜。

4 **显示/隐藏滤镜组缩览图 ⊗**：单击该按钮，可以隐藏滤镜组，将窗口控件留给图像预览区。再次单击则显示滤镜组。

5 **弹出式列表**：单击 按钮，可在打开的下拉列表中选择一个滤镜。这些滤镜是按照滤镜名称汉语拼音的先后顺序排列的，如果想要使用某个滤镜，但不知道它在哪个滤镜组，便可以在该下拉列表中查找。

6 **缩放区**：单击 + 按钮，可放大预览区图像的显示比例；单击 - 按钮，则缩小显示比例。

7 **"复位"按钮**：在任意滤镜对话框中按住Alt键，"取消"按钮都会变成"复位"按钮，单击"复位"按钮可以将参数恢复到初始状态。

14.2.2　滤镜的效果图层

在"滤镜库"中选择一个滤镜后，该滤镜就会出现在对话框右下角的已应用滤镜列表中，如下图所示。

单击"新建效果图层"按钮，可以添加一个效果图层，添加效果图层后，可以选取要应用的另一个滤镜。重复此过程可添加多个滤镜，图像效果也会变得更加丰富。

滤镜效果图层与图层的编辑方法相同，上下拖动效果图层可以调整它们的堆叠顺序，滤镜效果也会发生改变，如下左图所示。

单击按钮，可以删除效果图层。通过单击眼睛图标，可以隐藏或显示滤镜，如下右图所示。

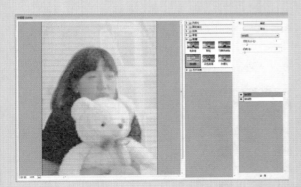

14.3 "液化"滤镜

在Photoshop中使用"液化"滤镜可推、拉、旋转、反射、折叠和膨胀图像的任意区域。 创建的扭曲可以是细微的或剧烈的，这就使"液化"命令成为修饰图像和创建艺术效果的强大工具。用户可将"液化"滤镜应用于8位/通道或16位/通道图像。

14.3.1 实例精讲：使用"液化"滤镜改变人物拍照效果

要点：我们每个人都会有丰富的表情，拍照后，在冲洗之前，若因效果不满意，我们可以在Photoshop中将其修改为自己希望的样子。使用"液化"命令，就可以对人物的各种面部表情以及身体进行变形，本范例中，我们将使用"液化"命令改变人物照片中不满意的面部表情和身体的样子。

Before　　After

01 按下快捷键Ctrl+O，打开14-2.png素材文件。

03 单击工具栏中的 按钮，将不需要变形的部分设置为蒙版。

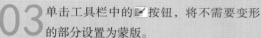

02 执行"滤镜>液化"命令，打开"液化"对话框，使用缩放工具将人物的脸部放大，便于观察，如下图所示。

04 选择向前变形工具 ，调整画笔的大小，在人物嘴角处和身体上进行涂抹，制作成咧嘴笑的表情并将身体变瘦，效果如下图所示。

05 选择膨胀工具 ◇后，将工具选项中的画笔大小值设置为20，调整画笔的大小。单击人物的眼球部分，将眼睛略微放大，效果如下图所示。

06 将人物面部表情改变为我们满意的效果以后，单击"确定"按钮，可退出"液化"对话框，如下图所示。

 ## 14.3.2 "液化"对话框

"液化"命令的功能是利用变形工具来扩大、缩小、扭曲图像，是用来修图的。在"液化"对话框中，提供了从变形形态到扭曲程度的各种选项。

ⓐ 向前变形工具：拖动鼠标，通过推动像素的形式变形图像。

ⓑ 重建工具：通过拖动变形部分的方式，将图像恢复为原始状态。

ⓒ 平滑工具：使图像边缘平滑。

ⓓ 顺时针旋转扭曲工具：按照顺时针或逆时针方向旋转图像。

ⓔ 褶皱工具：像凹透镜一样缩小图像，并进行变形。

ⓕ 膨胀工具：像凸透镜一样缩小图像，并进行变形。

ⓖ 左推工具：移动图像的像素，扭曲图像。

ⓗ 冻结蒙版工具：设置蒙版，是图像不会被变形。

ⓘ 解冻蒙版工具：取消设置好的蒙版区域。

ⓙ 抓手工具：通过拖动鼠标移动图像。

ⓚ 缩放工具：放大或缩小预览窗口的图像。

ⓛ 工具选项：设置图像扭曲中使用的画笔大小和压力程度。

ⓜ 重建选项：用于恢复被扭曲的图像。

ⓝ 蒙版选项：用于编辑，修改蒙版区域。

ⓞ 视图选项：在画面中显示或隐藏蒙版区域或网格。

14.4 智能滤镜

智能滤镜是Photoshop 早期版本就有的功能。普通滤镜需要修改图像像素才能呈现特效；而智能滤镜则是一种非破坏性的滤镜，可以达到与普通滤镜完全相同的效果，但它是作为图层效果出现在"图层"面板中的，因而不会真正改变图像中的任何像素，并且可以随时修改参数，或者删除掉。

14.4.1 智能滤镜与普通滤镜的区别

在Photoshop中，普通的滤镜是通过修改像素来生成效果的。下左图为一个图像文件的初始效果，下右图为使用"粗糙蜡笔"滤镜处理后的效果。从"图层"面板中可以看到，"背景"图层的像素被修改了，如果将图像保存并关闭，就无法恢复为原来的效果了。

智能滤镜则是一种非破坏性的滤镜，它将滤镜效果应用于智能对象上，不会修改图像的原始数据。下图为使用智能滤镜的处理结果，可以看到，它与普通"粗糙蜡笔"滤镜的图层效果完全相同。

> **提示：智能滤镜的范围**
>
> 除"液化"和"消失点"之外，任何滤镜都可以作为智能滤镜应用，这其中也包括支持智能滤镜的外挂滤镜。此外，"图像>调整"菜单中的"阴影/高光"和"变化"命令也可以作为智能滤镜来应用。

14.4.2 修改智能滤镜

使用智能滤镜制作图像效果时，并不会影响原图的效果，下左图为原始的素材图像效果，下右图为对其应用智能滤镜后的效果。

双击"马赛克拼贴"智能滤镜，重新打开"马赛克拼贴"对话框，进行参数修改，效果如下图所示。

双击智能滤镜旁边的编辑混合选项图标 ᮡ，会弹出"混合选项"对话框，设置该滤镜的不透明度和混合模式，效果如下图所示。

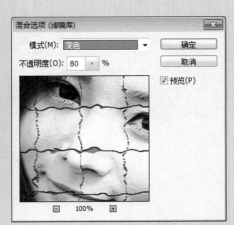

14.4.3 智能滤镜的编辑

1. 遮盖智能滤镜

智能滤镜包含一个蒙版，它与图层蒙版完全相同，编辑蒙版可以有选择性的遮盖智能滤镜，使滤镜只影响图像的一部分。

单击智能滤镜的蒙版将它选中，如果要遮盖某一处滤镜效果，可以用黑色绘制；如果要显示某一处滤镜效果，则用白色绘制，如右图所示。

如果要减弱滤镜效果的强度，可以用灰色绘制，滤镜将呈现不同级别的透明度。也可以使用渐变工具在图像中填充黑白渐变，渐变会应用到蒙版中，对滤镜效果进行遮盖，如右图所示。

2. 重新排列智能滤镜

当我们对一个图层应用了多个智能滤镜以后，可以在智能滤镜列表中上下拖动这些滤镜，重新排列它们的顺序，Photoshop会按照由下而上的顺序应用滤镜，因此，图像效果会发生变化，如下图所示。

3. 显示与隐藏智能滤镜

　　如果要隐藏单个智能滤镜，可以单击该滤镜前面的眼睛图标 ；如果要隐藏应用于智能对象图层的所有智能滤镜，则单击智能滤镜行前面的眼睛图标 ，或执行"图层>智能滤镜>停用智能滤镜"命令。如果要重新显示智能滤镜，可在滤镜的眼睛图标 处单击。隐藏单个滤镜的效果如下左图所示，隐藏整体滤镜的效果如下左图所示。

4. 复制智能滤镜

　　在"图层"面板中，按住Alt键，将智能滤镜从一个智能对象拖动到另一个智能对象上，或拖动到智能滤镜列表中的新建位置，放开鼠标以后，可以复制智能滤镜；也可以按住Alt键并拖动在智能对象图层旁边出现的智能滤镜图标 ，也可进行复制，如右图所示。

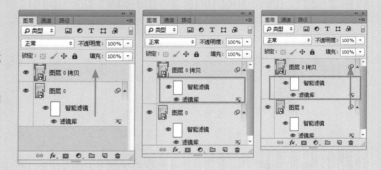

5. 删除智能滤镜

　　如果要删除单个智能滤镜，可以将它拖动到删除图层按钮 上，如果要删除应用于智能对象的所有智能滤镜，可以选择该智能对象图层，然后执行"图层>智能滤镜>清除智能滤镜"命令，删除智能滤镜前后的对比效果如下图所示。

14.4.4 实例精讲：使用智能滤镜制作水彩图像

要点：使用滤镜制作水彩图像的方法很多，但是使用智能滤镜制作照片的效果不会破坏原图层。本例主要讲解如何使用智能滤镜制作一张栩栩如生的水彩图像效果。

01 执行"文件>打开"命令，打开14-6.png素材文件。

02 执行"图像>调整>亮度/对比度"命令，在弹出的"亮度/对比度"对话框中设置相关参数，单击"确定"按钮，效果如下图所示。

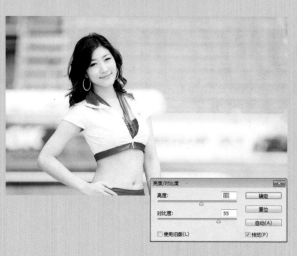

03 执行菜单栏中的"滤镜>转换为智能滤镜"命令，弹出Adobe Photoshop CC对话框，单击"确定"按钮，将"背景"图层转换为智能对象，如下图所示。

04 按下快捷键Ctrl+J，通过拷贝图层，得到"图层0拷贝"图层，如下图所示。

05 执行"滤镜>滤镜库>艺术效果>绘画涂抹"命令，在弹出的"绘画涂抹"对话框中设置参数后单击"确定"按钮，如下图所示。

06 单击滤镜库下方的"新建图层效果"按钮 ，新建图层效果。执行"画笔描边>阴影线"命令，为图像添加阴影描边效果，单击"确定"按钮，如下图所示。

07 复制"图层0拷贝"图层，得到"图层0拷贝2"图层，将"图层0拷贝2"图层的混合模式设置为"深色"，如下图所示。

08 单击鼠标右键，在弹出的下拉列表中选择"清除智能滤镜"命令，此时，复制的智能滤镜被清除，如下图所示。

09 执行"滤镜>艺术效果>阴影线"命令，在弹出的对话框中设置参数后，单击"确定"按钮，对图像应用智能滤镜，如下图所示。

10 执行"滤镜>艺术效果>绘画涂抹"命令，在弹出的对话框中设置参数后，然后单击"确定"按钮，对图像应用智能滤镜，效果如下图所示。

14.4.5 实例精讲：应用模糊滤镜修饰照片

要点：本例主要讲解使用"镜头模糊"滤镜模糊图像背景的操作方法。"镜头模糊"滤镜可以向图像中添加模糊效果来产生更窄的景深效果，使图像中的一些对象清晰，另一些区域变模糊。用该滤镜处理照片来创建景深效果时，需要用Alpha通道或图层蒙版的深度值来映射图像中的像素位置。

01 执行"文件>打开"命令，在弹出的"打开"对话框中选择14-7.jpg素材文件，将其打开。

02 单击工具箱中的"钢笔工具"按钮，绘制出人物路径，按下快捷键Ctrl+Enter，将路径转化为选区，再将选区保存为Alpha通道。按下Ctrl+D组合键，取消选区。

03 执行"滤镜>模糊>镜头模糊"命令，在弹出的"镜头模糊"对话框中设置"源"为Alpha1、半径为100、阈值为255。

04 单击"确定"按钮，本案例的最终效果如下图所示。

案例总结：

在"源"选项下拉列表中可以选择使用Alpha通道和图层蒙版来创建深度映射。

Photoshop 精通 滤镜的深层次运用

滤镜在Photoshop中具有非常神奇的作用。不同的滤镜功能在Photoshop都按分类放置在"滤镜"菜单中，使用时只需要从该菜单中执行所需的命令即可。滤镜的应用看起来非常简单，但是真正想用得恰到好处却很难。

1. 滤镜快捷键

使用Ctrl+F组合键，再次使用刚用过的滤镜。

使用Ctrl+Alt+F组合键，用新的选项使用刚用过的滤镜。

使用Ctrl+Shift+F组合键，退去上次用过的滤镜、调整的效果或改变合成的模式。

2. 在滤镜对话框里按Alt键，"取消"按钮会变成"复位"按钮，可恢复初始状况。想要放大在滤镜对话框中图像预览的大小，直接按下Ctrl键，用鼠标单击预览区域，即可放大；反之，按下Alt键并鼠标单击预览区域，则预览区内的图像便迅速变小。

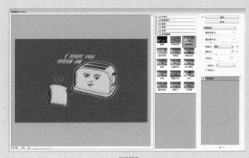
原图

变"复位"按钮

变大

变小

3. 滤镜菜单的第一行会记录上一条滤镜的使用情况，方便重复执行。

4. 在"图层"面板上可对已执行滤镜后的效果调整不透明度和色彩混合等（操作的对象必须是图层）。

5. 对选取的范围执行羽化操作，能减少突兀的感觉。

6. 在使用"滤镜>渲染> 云彩"滤镜时，若要产生更多明显的云彩图案，可先按住Alt键再执行该命令；若要生成低漫射云彩效果，可先按住Shift键再执行该命令，如下图所示。

原图

按住 Alt 键后

按住 Shift 键后

7. 在使用"滤镜>渲染>光照效果"滤镜时，若要在对话框内复制光源，可先按住Alt键再拖动光源，即可实现复制。

8. 针对所选择的区域进行处理时，如果没有选定区域，则对整个图像做处理；如果只选中某一层或某一通道，则只对当前的层或通道起作用。

9. 滤镜的处理效果以像素为单位，就是说相同的参数处理不同分辨率的图像，效果会不同。

10. 在RGB模式下，可以对图形使用全部的滤镜，文字一定要变成图形才能用滤镜。

11. 使用新滤镜应先用缺省设置实验，然后试一试较低的配置，再试一试较高的配置，观察一下变化的过程及结果。用一幅较小的图像进行处理，并保存拷贝的原版文件，而不要使用"还原"命令。这样使操作者对所做的结果进行比较，记下自己真正喜欢的设置。

12. 在选择滤镜之前，先将图像放在一个新建立的图层中，然后用滤镜处理该层。这个方法可使操作者把滤镜的作用效果混合到图像中去，或者改变混色模式，从而得到需要的效果。还可以使操作者在设计的过程中，按自己的想法随时改变图像的滤镜效果。

13. 即使操作者已经用滤镜处理图层了，也可以选择"褪色..."命令。用户使用该命令时只要调节不透明度就可以了，同时还可以改变混色模式。在结束该命令之前，操作者可随意用滤镜处理该层。注意，如果使用了"还原"命令，就不能再更改了。

14. 有些滤镜一次可以处理一个单通道，例如绿色通道，而且可以得到非常有趣的结果。注意，处理灰阶图像时可以使用任何滤镜。

15. 用滤镜对Alpha通道进行数据处理会得到令人兴奋的结果（也可以处理灰阶图像），然后用该通道作为选区，再应用其他滤镜，通过该选区处理整个图像。该项技术尤其适用于晶体折射滤镜。

16. 用户可以打破适当的设置，观察有什么效果发生。当用户不按常规设置滤镜时，有时能得到奇妙的特殊效果。例如，将虚蒙版或灰尘与划痕的参数设置得较高，有时能平滑图像的颜色，效果特别好。

17. 有些滤镜的效果非常明显，细微的参数调整会导致明显的变化，因此在使用时要仔细选择，以免因为变化幅度过大而失去每个滤镜的风格。处理过度的图像只能作为样品或范例，但它们不是最好的艺术品，使用滤镜还应根据艺术创作的需要，有选择地进行。

15

第15章

图像的输出

本章主要讲解图像输出的相关操作，分为三个小节，分别对图像的保存、保存时的格式设置以及打印输出文件的方法进行详细介绍，这些是完成一件平面作品设计的最后工序。

主要内容

- 存储图像
- 选择正确的文件保存格式
- 打印图像

知识点播

- 打印选项
- 色彩管理打印
- 指定印前输出
- 印前设计的工作流程

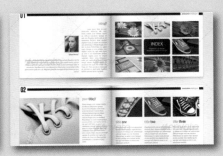

15.1 存储图像

新建文件或者对打开的文件进行编辑之后，应及时保存处理结果，以免因断电或死机而造成劳动成果丢失。Photoshop提供了几个用于保存文件的命令，执行这些命令后，我们还可以选择不同的格式存储文件，以便其他程序应用。

1. 用"存储"命令保存文件

当我们打开一个图像文件并对其进行编辑之后，可以执行"文件>存储"命令，或按下快捷键Ctrl+S，保存所做的修改，图像会按照原有的格式存储。如果是一个新建的文件，则执行该命令时会打开"存储为"对话框。

2. 用"存储为"命令保存文件

如果将文件保存为另外的名称和其他格式，或者存储在其他位置，可以执行"文件>存储为"命令，在打开的"存储为"的对话框中将文件另存，如下图所示。

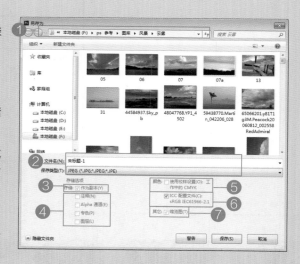

❶ 保存在：可以选择图像的保存位置。

❷ 文件名/保存类型：可输入文件名，在"保存类型"下拉列表中选择图像的保存格式。

❸ 作为副本：勾选该复选框，可另存一个文件副本。副本文件与源文件存储在同一位置。

❹ Alpha通道/图层/注释/专色：可以选择是否存储Alpha通道、图层、注释和专色。

❺ 使用校样设置：将文件的保存格式设置为EPS或PDF时，该复选框可用，勾选该复选框可以保存打印用的校样设置。

❻ ICC配置文件：可保存签入在文档中的ICC配置文件。

❼ 缩览图：为图像创建缩览图。此后在"打开"对话框中选择一个图像时，对话框底部会显示此图像的缩览图。

3. 用"签入"命令保存文件

执行"文件>签入"命令保存文件时，允许存储文件的不同版本以及各版本的注释。该命令可用于Version Cue工作区管理的图像，如果使用的是来自Adobe Version Cue项目的文件，文档标题栏会提供有关文件状态的其他信息。

15.2 选择正确的文件保存格式

文件格式决定了图像数据的存储方式、压缩方式以及支持怎么样的Photoshop功能，还能够决定文件是否与一些应用程序兼容。使用"存储"或"存储为"命令保存图像时，可以在打开的对话框中选择文件的保存格式，如下图所示。

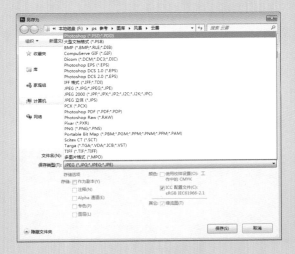

1. PSD格式

PSD是Photoshop默认的文件格式，它可以保留文档中的所有图层、蒙版、通道、路径、栅格化的文字、图层样式等。通常情况下，我们都是将文件保存为PSD格式，以后可以随时更改。

2. PSB格式

PSB是Photoshop的大型文档格式，可支持最高达到300 000像素的超大图像文件。该格式支持Photoshop所有的功能，可以保持图像中的通道、图层样式和滤镜效果不变。

3. BMP格式

BMP是一种用于Windows操作系统的图像格式，主要用于保存位图文件，该格式可以处理24位颜色的图像，支持RGB、位图、灰度和索引模式，但不支持Alpha通道。

4. GIF格式

GIF是为在网络上传输图像而创建的文件格式，它支持透明背景和动画，被广泛应用在网络文档中。GIF格式采用LZW无损压缩方式，压缩效果较好。

5. EPS格式

EPS是为Photoshop打印机上输出图像而开发的文件格式，几乎所有的图形、图表和页面排版程序都支持该格式。EPS格式可以同时包含矢量图形和位图图像，支持RGB、CMYK、位图、双色调、灰度、索引和Lab模式，但不支持Alpha通道。

6. JPEG格式

JPEG是由联合图像专家组开发的文件格式。它采用有损压缩方式，具有较好的压缩效果，但是将压缩品质数值设置得较大时，会损失掉图像的某些细节。JPEG格式支持RGB、CMYK和灰度模式，不支持Alpha通道。

7. PCX格式

PCX格式采用RLE无损压缩方式，支持24位、256色的图像，适合保存索引和线画稿模式的图像。该格式支持RGB、索引、灰度和位图模式，以及一个颜色通道。

8. PDF格式

PDF格式是一种便携文档格式，属于一种通用的文件格式，支持矢量数据和位图数据，具有电子文档搜索和导航功能。PDF格式支持RGB、CMYK、索引、灰度、位图和Lab模式，不支持Alpha通道。

9. Raw格式

Raw格式是一种灵活的文件格式，用于在应用程序与计算机平台之间传递图像。该格式支持具有Alpha通道的CMYK、RGB和灰度模式，以及无Alpha通道的多通道、Lab、索引和双色调模式。

10. PNG格式

PNG格式用于无损压缩和在Web上显示图像。PNG格式支持244位图像并产生无锯齿状的透背景明度，但某些早期的浏览器不支持该格式。

11. Scitex格式

Scitex "连续色调" 格式用于Scitex计算机上的高端图像处理。该格式支持CMYK、RGB和灰度图像，不支持Alpha通道。

12. TGA格式

TGA格式支持一个单独的Alpha通道的32为RGB文件，以及无Alpha通道的索引模式、灰度模式、16位和24位RGB文件。

13. TIFF格式

TIFF是一种通用的文件格式，所有的绘画、图像编辑和排版程序都支持该格式。该格式支持具有Alpha通道的CMYK、RGB、Lab、索引颜色和灰度图像，以及没有Alpha通道的位图模式图像。

15.3 打印图像

执行 "文件>打印" 命令，打开 "Photoshop打印设置" 对话框，在对话框中可以预览打印作业并选择打印机、打印份数、输出选项和色彩管理选项。

15.3.1 设置基本打印选项

① 打印机：在该选项的下拉列表中可以选择打印机。

② 份数：设置打印份数。

③ 打印设置：单击该按钮，在打开的对话框中可以设置打印的方向、页面的打印顺序和打印页数。

④ 位置：勾选 "居中" 复选框，可以将图像定位于可打印区域的中心；取消勾选，则可在 "顶" 和 "左" 选项中输入数值定位图像，从而只打印部分图像。

⑤ 缩放后的打印尺寸：如果勾选 "缩放后的打印尺寸" 选框，可自动缩放图像至适合纸张的可打印区域，如下左图所示；取消勾选，则可在 "缩放" 选项中输入图像的缩放比例，或者在 "高度" 和 "宽度" 数值框中设置图像的尺寸，如下中、下右图所示。

15.3.2 指定色彩管理打印

在"Photoshop打印设置"对话框右侧的"色彩管理"选项组中，我们可以设置如何调整色彩管理，以获得尽可能最好的打印效果。

1. 颜色处理

用来确定是否使用色彩管理，如果使用则需要确定是将其用在应用程序中，还是打印设备中。

2. 打印机配置文件

可选择适用于打印机和将要使用的纸张类型的配置文件。

3. 渲染方法

指定Photoshop如何将颜色转换为打印机颜色空间。对于大多数照片而言，"可感知"或"相对比色"是适合的选项。

4. 黑场补偿

通过模拟输出设备的全部动态范围来保留图像中的阴影细节。

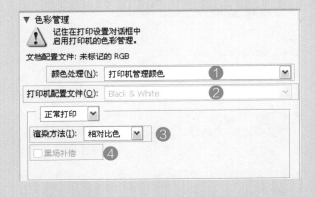

15.3.3 指定印前输出

在"Photoshop打印设置"对话框右侧的"打印标记"和"函数"选项区域中，我们可以通过相应的参数设置，指定印前输出。

① 打印标记：可在图像周围添加各种打印标记。

② 函数：单击"函数"选项区域中的"背景""边界""出血"等按钮，即可打开相应的选项设置对话框，其中"背景"按钮用于选择要在页面上图像区域外打印的背景色；"边界"按钮用于在图像周围打印一个黑色边框；"出血"按钮用于在图像内而不是在图像外打印裁切标记。

> ⓘ **提示：如何在Photoshop中打印一份文件？**
>
> 如果要使用当前的打印机选项打印一份文件，可执行"文件>打印一份"命令操作，该命令无对话框。

15.3.4 印前设计的工作流程

随着数字化媒体的发展，计算机的应用日益广泛，无论是出版、交通或是其他行业，都离不开计算机的操控。印刷品也与计算机有着密不可分的关系，尤其是在印刷之前的设计等前期工作。随处可见的包装袋、书籍、广告页等宣传品，都需要我们精心地利用计算机来设计印刷品的样式、颜色等内容，然后才可以印刷出成品。本节将讲解关于印刷的知识。

进行印前设计或电脑设计的一般的工作流程有以下几个基本过程。
- 明确设计及印刷要求，接受客户资料。
- 进行包括输入文字、图像、创意、拼版等的设计。
- 出黑白或彩色校稿、让客户修改。
- 按校稿修改。
- 再次出校稿，让客户修改，直到定稿。
- 让客户签字后出胶片。
- 印前打样。
- 送交印刷打样，让客户看是否有问题，如无问题，让客户签字，印前设计全部工作即告完成。如果打样中有问题，还得修改，重新输出胶片。

印刷品的最终形成需要经历三个步骤，分别如下。
- 按企业要求进行电脑设计。
- 在电脑设计的基础上进行数字化调整，包括颜色、清晰度、裁剪边距、折缝等方面的调整，最终制成印刷用的文件。
- 将文件制版进行印刷机印刷。

数码印前设计学习的是前两个步骤的工作技能，内容如下。
- 学习工业标准的平面设计与排版电脑软件，比如InDesign。
- 学习印刷品的制作流程和印前程序控制。
- 应用多媒体软件进行文字格式编排、页面排版、色彩调配等。
- 将电脑设计作品数码化。

> **提示：喷绘和写真所采用的颜色模式**
>
> 喷绘统一使用CMYK模式，禁止使用RGB模式。现在的喷绘机都是四色喷绘的，它的颜色与印刷色截然不同，当然在制作图形的时候要按照印刷标准，喷绘公司会调整画面颜色和小样接近。
> 写真可以使用CMYK模式，也可以使用RGB模式。逐注意在RGB中，正红色值用CMYK定义，M=100，Y=100。

16

第 16 章

照片处理

　　本章主要讲解美女、儿童和风景照片的处理方法。图像中一般分为亮部、中间调和暗部区域三个部分，一张好的照片不论高光部分也好、暗部区域也罢，其细节应该完整地体现出来，既不能因为过曝丢失了细节，也不能因为过暗使得细节缺失。因此在操作过程中尤其应该注意对细节部分的保留，或者通过适当的方式加强细节部分的层次感，使得整张图像看起来更加丰富。

主要内容

- 人像摄影修图
- 儿童摄影修图
- 风景照追色修图

知识点播

- 磨皮技巧
- 中灰度修图技巧
- 调色技巧
- 追色技巧

16.1 实战练习: 人像摄影修图

　　图像修调的过程本身也是修图师不断思考的一个过程, 当我们拿到一张照片之后, 首先应该对图像中的瑕疵以及穿帮部分进行处理。那么这里就有一个问题, 何为瑕疵呢? 告诉大家一个最简单的分辨方法, 画面中所有素材的出现只有一个目的, 那就是服务于画面的主体, 因此所有影响画面视觉效果的因素, 甚至是不能很好地体现主题的素材, 都可以视为瑕疵。

要点: 在人像摄影后期修图中难免会遇到人物形体的修整, 一般包含了脸型、腰部、腿部、胳膊, 甚至发型等部分。需要注意的是, 形体的调整应该适度, 另外还要考虑身形比例的问题, 也就是说如何能够让人物看起来既漂亮又不失真实性,这才是最为重要的。

01 打开16-1.jpg素材文件，我们看到，图片中人物身体有瘢痕。

02 接下来复制"背景"图层，将其复制的图层命名为"提亮"。执行"图像>调整>曲线"命令，在弹出的曲线对话框中，设置参数将图像提亮。

03 复制"提亮"图层，将其复制的图层命名为"液化"，执行"滤镜>液化"命令，对人物形体进行修整，单击"确定"按钮。

04 复制图层并命名，使用修补工具对人物身上的瑕疵进行修补。再复制图层并命名，接下来对裙子的整体进行修整。

05 要对人物皮肤进行轻微磨皮，则单击"图层"面板下方的"创建新的填充或调整图层"按钮，在下拉列表中选择"色相/饱和度"选项，在弹出的"属性"面板中设置参数，选中色相/饱和度蒙版，利用黑色柔角画笔在画面中人物嘴唇部位进行涂抹。然后按下Ctrl+Shift+Alt+E组合键盖印可见图层，效果如下图所示。

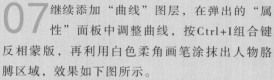

06 添加"曲线"图层，在弹出的"属性"面板中调整曲线，选中蒙版。按下Ctrl+I组合键将蒙版反相，再利用白色柔角画笔在人物皮肤阴影处涂抹，提亮人物阴影处皮肤颜色，效果如下图所示。

07 继续添加"曲线"图层，在弹出的"属性"面板中调整曲线，按Ctrl+I组合键反相蒙版，再利用白色柔角画笔涂抹出人物胳膊区域，效果如下图所示。

08 按Shift+Ctrl+Alt+E组合键盖印图层,将盖印的图层命名为"高低频",然后按Ctrl+I组合键反相,设置图层的混合模式为"线性光",效果如下图所示。

09 执行"滤镜>其他>高反差保留"命令,在弹出的"高反差保留"对话框中设置参数,单击"确定"按钮,效果如下图所示。

10 执行"滤镜>模糊>高斯模糊"命令,在弹出的"高斯模糊"对话框中设置参数,单击"确定"按钮,效果如下图所示。

11 按下Alt键的同时单击"图层"面板下方的"添加图层蒙版"按钮,为图层添加反相蒙版。利用白色柔角画笔在画面中人物手部以外的皮肤处涂抹,效果如下图所示。

12 要对人物面部细节进行修整，则首先添加"选取颜色"蒙版，在弹出的"属性"面板中设置红色、绿色和白色的参数，加深衣服、墙面和竹子颜色。利用黑色柔角画笔在画面中人物手部以外的皮肤处涂抹，效果如下图所示。

13 执行"图层>新建>图层"命令，在弹出的对话框中设置模式为"柔光"，勾选"填充柔光中性色"复选框，单击"确定"按钮。将该图层命名为"中灰"，然后选择黑色柔角画笔，降低不透明度，在人物衣服处涂抹，增加衣服的颜色，效果如下图所示。

14 添加"曲线"图层，设置参数，选中该蒙版并按下Ctrl+I组合键将蒙版反相，再利用白色柔角画笔在人物皮肤阴影处涂抹，提亮人物阴影处皮肤颜色，效果如下图所示。

15 添加"色阶"图层，设置相关参数，提亮人物，效果如下图所示。

16 盖印可见图层。然后连续复制两次盖印的图层，将复制图层的混合模式均修改为"柔光"，效果如下图所示。

17 盖印可见图层，将盖印的图层名称修改为"虚化背景"，执行"滤镜>模糊>高斯模糊"命令，设置参数。继续盖印图层并命名为"构图"，对图像的背景进行拉大，人物进行缩小。为"盖印"图层添加图层蒙版，并利用白色柔角画笔在画面中人物手部以外的皮肤处涂抹。

18 对人物进行抠图。添加图层蒙版，将头发处的背景隐藏。然后隐藏"虚化背景"图层，案例制作完成。

16.2 实战练习：儿童摄影修图

　　在儿童摄影后期修图中，应当将重点放在图像背景穿帮以及瑕疵的修整方面，除此之外背景色调的调整也是十分重要的一个环节。相反，儿童的皮肤本身就已经很好了，除了瑕疵的调整外不应该过多地破坏皮肤本身的质感与光泽。在色调的调整中应该尽可能多用一些明快、温馨的色调，而尽可能避免那些传达黯淡、阴郁等信息的色彩。和其他人像摄影的后期修调相同的一点是，我们需要对图像做光影的修调以及立体感的塑造，使得照片整体看起来更加有立体感和层次感。当遇到儿童外景拍摄的照片时，还可以适当地添加一些光效，使照片看起来更加唯美。

要点：孩子的面部轮廓是比较圆润的，且肤质非常细腻，因此在儿童摄影后期的修调中应基于以上的特点进行操作。除了基本光影与色调的调整之外，在人物面部的处理上应该尽可能地淡化面部的阴影，使其光影过渡更为自然。

01 打开16-2.jpg素材文件，这是一幅儿童照片，我们首先要给照片增加磨皮效果。

02 按下Ctrl+J组合键，复制"背景"图层，得到"背景 复制"图层。

03 单击"图层"面板下方"创建新的填充或者调整图层" ◑. 按钮，在弹出的下拉列表中选择"曲线"选项，设置参数。效果如下图所示。

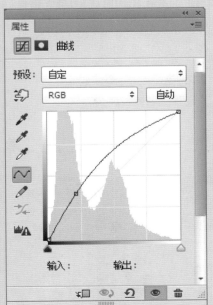

04 按Ctrl+Shift+Alt+E组合键盖印可见图层，得到"盖印"图层。选择工具箱中的魔棒工具 ✎ ，设置容差数值为20，对画面中人物面部阴影的区域点选。执行"选择>修改>羽化"命令，在弹出的"羽化选区"对话框中对羽化参数进行设置后单击"确定"按钮。按Ctrl+J组合键对图像中所选区域进行复制，将复制的图层命名为"面部阴影"。

05 单击"图层"面板下方"创建新的填充或者调整图层" ◑. 按钮，在弹出的下拉列表中选择"色阶"选项，设置参数。执行"图层>创建剪贴蒙版"命令，将所选图层置入目标图层中。效果如下图所示。

06 按Ctrl+Shift+Alt+E组合键盖印可见图层,得到"盖印"图层。单击"图层"面板下方"创建新的填充或者调整图层" ○. 按钮,在弹出的下拉列表中选择"可选颜色"选项并设置参数,效果如下图所示。

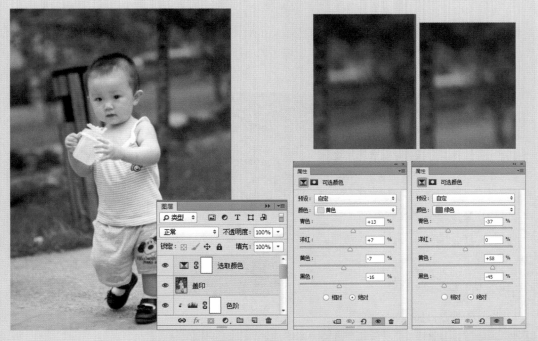

07 单击"图层"面板下方"创建新的填充或者调整图层" ○. 按钮,在弹出的下拉列表中选择"曲线"选项并设置参数,效果如下图所示。

08 执行"图层>新建图层"命令，新建一个图层并命名为"光效"。设置前景色为黑色，按Alt+Delete组合键对该图层进行填充。执行"滤镜>渲染>镜头光晕"命令，在弹出的"镜头光晕"对话框中设置其参数。在"图层"面板中设置该图层混合模式为"滤色"、"不透明度"为100%。然后，按Ctrl+J组合键对"光效"图层复制两次，得到两个新的光效图层，分别命名为"光效 复制"图层和"光效 再复制"图层。在"图层"面板中同时选中"光效"图层、"光效 复制"图层和"光效 再复制"图层，将其拖拽到"图层"面板下方的"创建新组"按钮上，对三个图层进行编组，并命名为"光效"，最终效果如下图所示。

16.3 实战练习：风景照追色修图

　　如何能把一张原图模仿成参考图的颜色效果（经常会有客户来修图的时候拿着一张效果图，让设计师把他的原图模仿成效果图的样式），这是工作中经常发生的情况。就算客户不给参考样图，设计师会主动询问客户到底想要什么样的效果。通过客户所提供的参考图，设计师就会大概知道他要求的效果会是一个什么样的修图档次（是淘宝、服装、广告、还是杂志大片），这就要用到追色技巧。

　　要点： 晶格化处理在追色的过程中扮演了举足轻重的角色，该处理可以使图像颜色的分布情况变得一目了然，方便我们将图像的配色方案精确地提取出来，为下一步的追色做好必要的准备工作。在追色的具体操作中只有认真地分析原图与参考图之间颜色的对应关系，才能有针对性地进行追色。

01 首先进行参考图色调的分析。通过图像的晶格化处理对参考图的色调进行分析，分别找出云霞、湖面以及礁石的代表色。在这里可以看到橙色、蓝色以及黑色分别成了该图像中的关键色，在接下来的追色中尽可能地向这个色调靠拢即可。

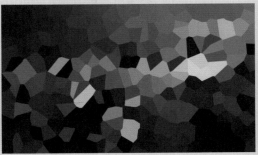

02 接着分析原图的色调。通过图像的晶格化处理，对原图的色调进行分析，分别找出云霞、湖面以及礁石的代表色。可以看到原图中云霞、礁石以及水面的颜色偏淡一些，主要以灰、白、蓝为主。在参考图中水面的颜色是以深蓝为主的，对应到原图中可以将水面的颜色追加为深蓝色，再将原图中云霞的颜色追加为饱和度较高的橙色，同样的道理来处理画面中暗部以及礁石等色调即可。

 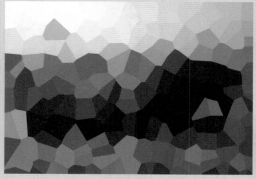 

03 要打开文件并复制图层。则首先执行"文件>打开"命令，在弹出的"打开"对话框中选择16-3.jpg文件，将其拖曳到页面之上并调整其位置。按Ctrl+J组合键对背景图层进行复制，将复制的图层命名为"背景 复制"图层。

04 加强天空部分的层次感以及立体感。使用加深减淡工具，主要对图像中天空部分进行立体感以及层次感的塑造。

05 通过曲线的调节，实现对水面以及天空局部的追色。单击"图层"面板下方"创建新的填充或者调整图层" 按钮，在弹出的下拉列表中选择"曲线"选项，对其参数进行设置后用画笔工具擦出曲线在图像中不需要作用的部分。

06 通过曲线的调节对图像的暗部区域进行再次压暗处理，使其更趋向与参考图中的光影。单击"图层"面板下方"创建新的填充或者调整图层" ⬤.按钮，在弹出的下拉列表中选择"曲线"选项，对其参数进行设置后用画笔工具擦出曲线在图像中不需要作用的部分。

07 要进行中灰度的调整，则需新建一个图层，在弹出的"新建图层"对话框中对参数进行设置后单击"确定"按钮。将前景色分别设置为黑色和白色，用画笔工具对图像中需要加深与减淡的地方进行涂抹以此来增强画面的立体感。效果如下图所示。

08 提亮高光部分，使整体画面更加通透。单击"图层"面板下方"创建新的填充或者调整图层" ⬤.按钮，在弹出的下拉列表中选择"曲线"选项，对其参数进行设置后用画笔工具擦出曲线在图像中不需要作用的部分。效果如下图所示。

09 适度提亮暗部区域，还原画面中更多的细节部分。单击"图层"面板下方"创建新的填充或者调整图层" ⬤.按钮，在弹出的下拉列表中选择"曲线"选项，对其参数进行设置后用画笔工具擦出曲线在图像中不需要作用的部分。效果如下图所示。

 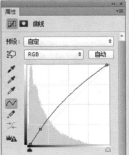

10 通过新建图层填充颜色的方式对天空部分进行加色的处理。新建一个图层并命名为"加色"，在"图层"面板中将图层的混合模式更改为"深色"，将前景色设置为蓝色后使用画笔工具对天空缺色的部分进行涂抹，效果如下图所示。

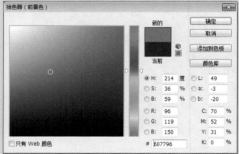

11 要盖印并锐化图像，则按Ctrl+Shift+Alt+E组合键盖印可见图层，得到"盖印"图层。执行"滤镜>锐化>USM锐化"命令，在弹出的"USM锐化"对话框中对其参数进行设置，然后单击"确定"按钮。

12 对暗部缺失细节的部分进行适度的滤色处理。在图像中由于部分区域过暗而缺失了本应有的细节，可以通过滤色的方式来提取图像中原有的细节部分。在工具箱中选中魔棒工具，设置容差数值为35，对画面中礁石部分进行点选后进行羽化处理，将羽化的参数设置为30。按Ctrl+J组合键对所选区域进行复制，在图层面板中将复制的图层混合模式设置为"滤色"。

13 要进行中灰度调整，则新建一个图层，在弹出的"新建图层"对话框中对其参数进行设置，然后单击"确定"按钮。将前景色分别设置为黑色和白色，用画笔工具对图像中需要加深与减淡的地方进行涂抹以此来增强画面的立体感。最终效果如下图所示。

14 最后分析效果图色调，即通过图像的晶格化处理对效果图的色调进行分析，分别找出云霞、湖面以及礁石的代表色。将其与参考图中的代表色系做对比，以此来观察追色的效果是否满意。

16.4 追色原理介绍

如前所述，样图将影响修图的报价，这一点很重要。在客户没有表达清楚所修图的用途时，就给客户盲目报价，有点太仓促了。所以参考图对于设计师跟客户的前期沟通是一个很重要的依据。

　　有没有可能将原片通过追色来修成参考图的效果呢？这需要对照片进行分析。对照片分析的一个很好的方法，就是将图片"晶格化"处理，如下图所示。然后分析参考图和原图的颜色是否对应，如果很难对应，则需要如实告诉客户：参考图和原片差得比较远！

原图　　　　　　　　　　　　　　　　　晶格化处理

 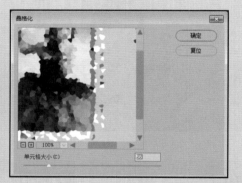

"晶格化"命令　　　　　　　　　　　　"晶格化"对话框

　　某次有个客户拿了个一线品牌的广告大片，让设计师帮他的原片进行模仿，但的原片是个很普通的服装照片，无论从气质、色彩搭配或拍摄氛围等各个方面都很难进行追色匹配。此时就会告诉他：钱不是问题，主要是片子不配套，要不就重拍，否则没办法实现。不是说什么片子都能够进行模仿，必须从实际出发，进行科学的分析。

参考图　　　　　　　　　　　　　　　不适合追色的原片

　　一般靠谱的客户都会事先跟设计师沟通，找准参考图。摄影师会根据参考图进行灯光、场景以及服装的搭配，这样拍出来的照片会让设计师比较容易修出想要的效果。说一千道一万就是：充分的前期准备和沟通非常重要，最理想的状态就是设计师和摄影师非常熟悉，甚至摄影和设计就是一个人。

17

第17章

广告设计

　　商业广告设计的制作方法一般是通过图层蒙版和图层混合模式等功能将多个素材巧妙地叠加在一起，形成海报的背景。然后通过"通道"对人物进行抠图，最后使用文字工具和图层样式对文字添加效果，使海报画面丰富且富有感染力。本章我们就来分别介绍制作两种商业海报的具体操作过程。

主要内容

- 时尚杂志海报合成
- 户外广告海报制作

知识点播

- 素材拼接合成
- 色彩控制和调色
- 字体设计运用
- 最终效果呈现

17.1 实战练习: 时尚杂志海报合成

本节案例主要介绍如何进行时尚杂志海报的制作。首先打开素材文件，使用文字工具为图像添加文字，接着添加色彩平衡图层对图像色调进行调整，然后添加人物素材，最后对人物添加曲线效果。

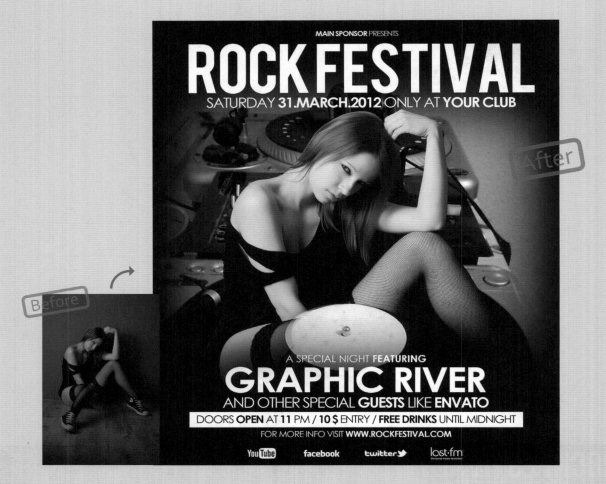

要点: 在杂志的合成中，如果涉及人像处理，主要分为了两个部分的操作，首先是对人像部分的精修和处理，然后是杂志本身的设计。以本案例来说，首先需要做的是对照片的处理，通过观察可以发现照片本身的曝光明显不足，那么就要求我们提高原照片的整体亮度。然后进行瑕疵的修整以及身形的液化等基础修调，再对人物的皮肤进行修整，最后进行色调的调整。接下来就到了杂志的设计步骤了，在设计之前需要考虑的是该杂志的主体是什么，是以什么为主要方向的，以及其风格是怎样的等一系列的问题。考虑清楚了这些就可以进行杂志海报的设计操作了。

01 首先执行"文件>新建"命令，在打开的对话框中设置文件大小，然后单击"确定"按钮。

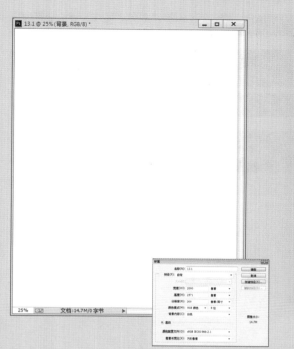

02 设置前景色为深灰色（R：21、G：21、B：21），按Alt+Delete组合键为其填充颜色。

03 执行"文件>打开"命令，在打开的对话框中打开17-1.psd素材文件，将其放置到合适的位置。选择"调音器"图层，按住Alt键单击"图层"面板下方的"添加图层蒙版"按钮，为其添加一个反向蒙版。选择调音器蒙版利用白色柔角画笔在页面上进行涂抹将素材进行显示，使素材效果更佳融合背景。

04 在工具箱中选择矩形工具，在选项栏中设置工作模式为"形状"，设置颜色为白色，在页面下方绘制矩形状。

05 要添加文字，则在工具箱中选择文字工具，在"字符"面板中设置文字的"字体"，"字号"和
"颜色"等参数，在页面上输入文字。

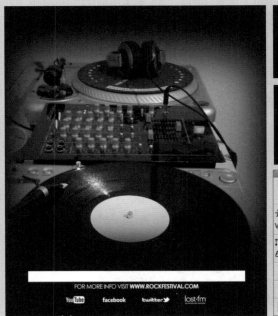

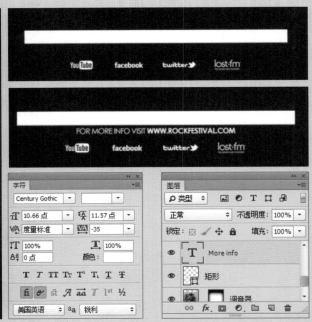

06 使用同样的方法在页面上添加其他文字。注意
文字的大小与版面的协调性。

07 执行"文件>打开"命令，在打开的对
话框中打开素材文件17-2.jpg，将其放
置到合适的位置。将该素材图层的混合模式调
整为"正片叠底"、不透明度调整为21%。

08 要制作边框，则新建一个"边框"图层，在工具箱中选择画笔工具。在选项栏中选择一个柔角画笔设置颜色为黑色，在画面上的四周进行适当涂抹，并设置该图层的混合模式为"颜色加深"，不透明度为19%。使用同样方法继续制作一个边框。

09 单击"图层"面板下方的"创建新的填充或调整图层"按钮，在弹出的下拉列表中选择"色彩平衡"选项，设置参数，对画面色调进行调整。

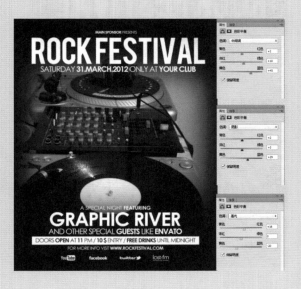

10 执行"文件>打开"命令，在打开的对话框中打开素材文件17-3.jpg。将其放置到合适的位置。在工具箱中选择钢笔工具，设置工作模式为"路径"，沿着人物轮廓进行绘制封闭路径，绘制完成后，按Ctrl+Enter组合键将路径转换为选区。继续按Ctrl+Shift+I组合键进行反向选区，按下Delete键删除多余的背景。

11 选择"人像抠图"图层，单击"图层"面板中的"添加图层蒙版"按钮，为其添加一个图层蒙版。利用黑色柔角画笔在人物腿部进行涂抹并将其隐藏，效果如下图所示。

12 选择"人像抠图"图层，按Ctrl+J组合键复制图层。

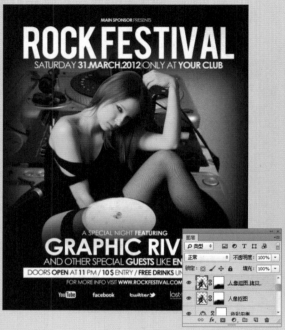

13 单击"图层"面板下方的"创建新的填充或调整图层"按钮，在弹出的下拉列表中选择"黑白"选项，设置参数，对画面色调进行调整。

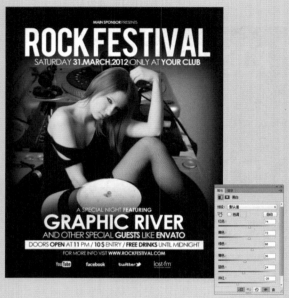

14 要将效果只作用于人像，则选择"黑白"图层，单击鼠标右键，在弹出的快捷菜单中选择"创建剪贴蒙版"命令，使该效果只作用于之下的"人像抠图拷贝"图层。并设置该图层的不透明度为61%。

15 按住Ctrl键单击"人像抠图"图层的缩览图，调出选区，按Ctrl+Shift+I组合键进行反向选区，然后添加一个曲线图层，设置参数，并将"曲线"图层的不透明度调整为81%。案例最终效果如下图所示。

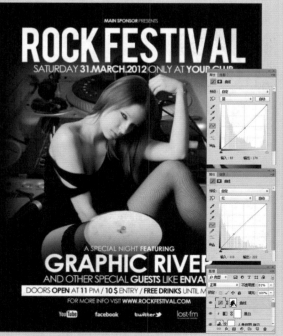

17.2 实战练习：户外广告海报制作

本案例主要是通过大量的素材来进行户外广告海报展示。在具体制作过程中，首先添加色块素材，然后再使用椭圆工具在页面中心制作圆形，使广告中心点更加突出。最后添加文字、光效等，使画面更加充实。

要点：图像的合成就是将两幅或者两幅以上的图像进行处理并且拼合成一幅新的作品。合成和拼贴画一样，都是利用不同图像的叠加、交错和改变图像的上下顺序，把多幅图像重新组合，从而形成新的视觉效果。例如，给照片换背景或者给照片添加一些其他的素材。在合成的过程中，设计者本身的创意及思路是非常重要的。

01 执行"文件>新建"命令，在打开的新建对话框中设置参数。继续执行"文件>打开"命令，在弹出的打开对话框中打开7-4.jpg素材文件，将其拖入到场景中。

02 执行"文件>打开"命令，在打开的对话框中选择"蓝绿色块.png"素材，将其打开拖曳到场景中，并放置到合适的位置。

03 执行"文件>打开"命令，在打开的对话框中选择"红黄绿色块.png"和"红黄色块.png"素材，将其打开拖曳到场景中，并放置到合适的位置。

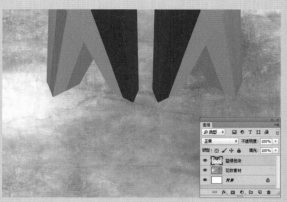

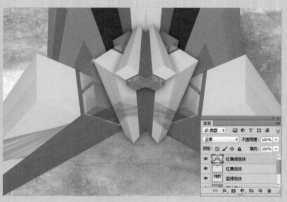

04 下面制作圆形。选择工具箱中的椭圆工具，按住Shift键在页面中心绘制正圆。在"图层"面板中设置填充为0。双击该图层，在弹出的"图层样式"对话框中分别选择"斜面和浮雕""内阴影""内发光""光泽""外发光"和"投影"选项，设置参数，为其添加效果。在"图层"面板中设置该图层的不透明度为63%。效果如下图所示。

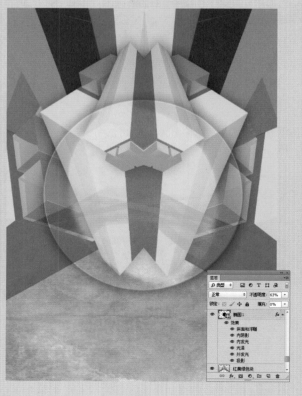

05 使用同样的方法，制作其他圆形并调整大小和位置。

06 要制作白色圆形，则选择工具箱中的椭圆工具，设前景色为白色，按住Shift键在页面中心绘制正圆。在"图层"面板中设置填充为45%。双击该图层，在弹出的"图层样式"对话框中选择"投影"选项，设置参数，为其添加效果。在"图层"面板中设置该图层的不透明度为95%，效果如下图所示。

07 要制作黑色圆形，则继续使用椭圆工具，设前景色为黑色，按住Shift键在页面中心绘制正圆。在"图层"面板中设置填充为69%。双击该图层，在弹出的"图层样式"对话框中选择"投影"选项，设置参数，为其添加效果。在"图层"面板中设置该图层的不透明度为95%，效果如下图所示。

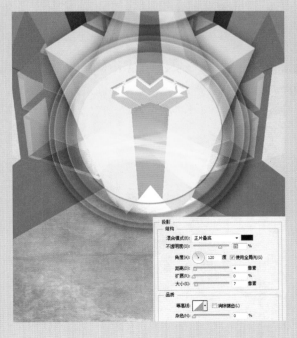

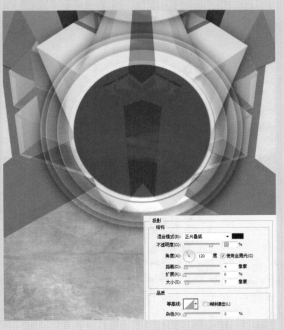

08 执行"文件>打开"命令，在打开的对话框中选择"光效.png"素材，将其打开拖曳到场景中，并放置到合适的位置。在"图层"面板中将该图层的混合模式调整为"变亮"，填充调整为62%。

09 执行"文件>打开"命令，在打开的对话框中选择"光效1.png"素材，将其打开拖曳到场景中，并放置到合适的位置。在"图层"面板中将该图层的混合模式调整为"柔光"，填充调整为87%。

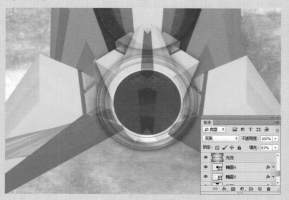
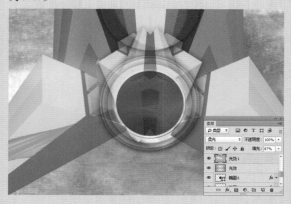

10 要添加亮度对比度，则单击"图层"面板下方的"创建新的填充或调整图层"按钮，在弹出的下拉菜单中选择"亮度对比度"选项，设置参数，使画面对比度增强。使用同样的方法继续添加"亮度对比度"图层，并设置图层的填充。

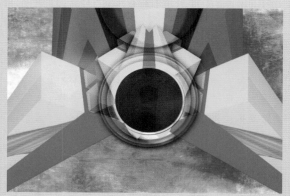

11 要绘制直线，则新建一个"线条"图层，设置前景色为白色，选择工具箱中的铅笔工具，在选项栏中设置铅笔笔触的大小为5，按住Shift键在页面下方绘制直线。执行"文件>打开"命令，在打开的对话框中选择"光效.png"素材，将其打开拖入到场景中。设置"光效2"图层的混合模式为"滤色"。

12 选择工具箱中的文字工具,在"字符"面板中设置文字的"字体"、"字号"和"颜色"等参数,在页面上输入文字。

13 制作圆形并添加文字。使用上述同样的方法,在页面顶部制作圆形并添加文字。

14 执行"文件>打开"命令,在打开的对话框中打开"红光.png"素材。将该图层的混合模式调整为"变亮"、填充为76%。

15 要调节色彩平衡,则单击"图层"面板下方的"创建新的填充或调整图层"按钮,在弹出的下拉列表中选择"色彩平衡"选项,设置参数。

16 调节曲线和选取颜色。继续添加"曲线"图层以及"选取颜色"图层,设置参数,效果如下图所示。

17 要制作竖版效果，则新建文档，使用上述同样的方法制作竖版效果。

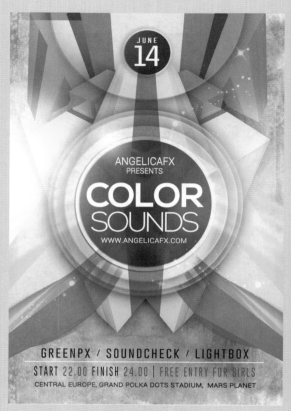

18 执行"文件>打开"命令，在打开的对话框中打开"模版一.jpg"素材。

19 绘制形状。新建一个图层，使用钢笔工具在页面上绘制形状。

20 打开制作好的竖版效果图，将其拖入到场景中，执行"图层>创建剪贴蒙版"命令，为其创建剪贴蒙版，使图像与模板更加贴合。

21 添加"色相/饱和度"图层，设置参数，并为创建剪贴蒙版，将效果只应用于广告图像，使图像色调与场景色调统一。

UI 元素设计

18

第18章

本章主要介绍了如何让制作的 APP 图标看起来更有吸引力，并通过实例讲解，使读者对 UI 元素设计具体的制作方法有更直观、详细的认识。

主要内容

- 立体图标制作
- 金属按钮设计
- 彩色进度条设计

知识点播

- 为形状添加效果
- 应用渐变效果
- 制作高光质感

18.1 实战练习：收音机图标

本节案例讲解的是如何制作收音机图标，在智能手机中收音机图标是非常常见的，如何将看似简单的图标制作得更加时尚呢？本案例将要学习使用圆角矩形工具绘制收音机图标的形状，再添加图层样式制作立体感，最后使用文字工具在页面上输入文字来突出图标的主题。

要点：黑白灰给人一种高档、整洁、简约的印象，本例将使用黑白灰过渡色制作出白色质感又有科技感的收音机图标。

01 执行"文件>打开"命令，在打开的对话框中选择18-1.jpg素材文件并将其打开。

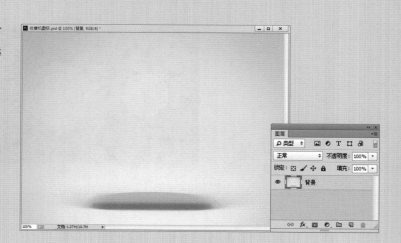

02 要绘制天线形状，则选择工具箱中的钢笔工具，在选项栏中设置工作模式为"形状"，设置颜色为任意色，在页面上绘制形状，将图层名称修改为"天线"。

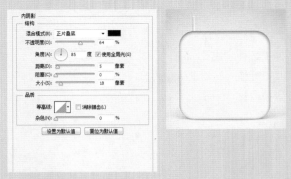

03 双击"天线"图层，在弹出的对话框中分别选择"斜面和浮雕"和"渐变叠加"选项，设置参数，为其添加效果。

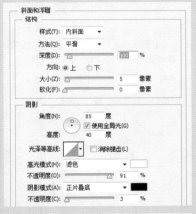

05 要添加立体效果，则继续在弹出的"图层样式"对话框中选择"渐变叠加"选项，设置参数，添加渐变叠加。

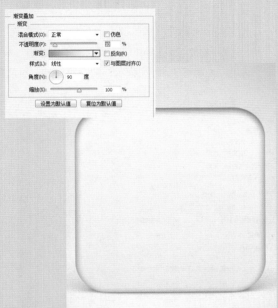

06 要绘制内部形状，则使用同样的方法添加其他图层样式。

04 要绘制圆角矩形，则选择工具箱中的圆角矩形工具，在选项栏中设置工作模式为"形状"，填充颜色为浅灰色（R：239，G：238，B：233），半径为80像素。在页面上绘制形状，将图层名称修改为"收音机底部"。双击该图层，在弹出的"图层样式"对话框中选择"内阴影"选项，设置参数。

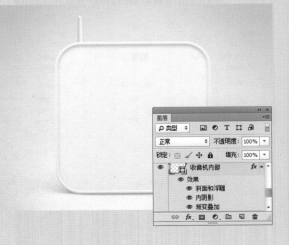

07 执行"文件>打开"命令，在弹出的打开对话框中选择"声孔.png"素材，将其打开拖入到场景中并放置到合适的位置。

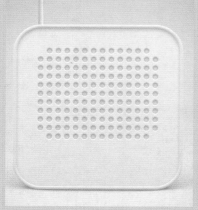

08 要绘制圆形形状，则选择工具箱中的椭圆工具，在选项栏中设置工作模式为"形状"，填充颜色为任意色，按住Shift键在页面上绘制正圆，将图层名称修改为"右边按钮"，在"图层"面板中设置填充为0。双击该图层，在弹出的"图层样式"对话框中选择"描边"选项，设置参数为其添加效果。

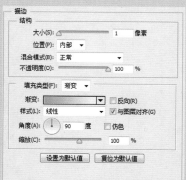

09 要添加立体效果，则继续在"图层样式"对话框中分别选择"内阴影"和"投影"选项，设置参数为其添加立体的效果。

10 要绘制加号形状，则选择工具箱中的钢笔工具，在选项栏中设置工作模式为"形状"，设置颜色为黑色，在页面上绘制形状，将图层名称修改为"加号"，在"图层"面板中设置填充为10%。双击该图层，在弹出的"图层样式"对话框中分别选择"内阴影"和"投影"选项，设置参数为其添加效果。

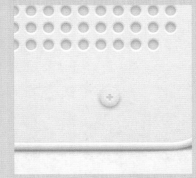

11 使用同样的方法制作出左侧减号按钮。

12 使用同样的方法制作出中间按钮。选择工具箱中的矩形工具，在选项栏中设置工作模式为"形状"，填充颜色为黑色，在页面上绘制矩形，在"图层"面板中设置填充为10%。执行"图层>创建剪贴蒙版"命令，为其创建剪贴蒙版，双击该图层在弹出的"图层样式"对话框中分别选择"内阴影"和"投影"选项，设置参数，为其添加效果。

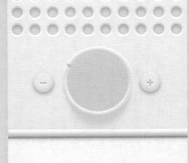

13 使用同样的方法制作出按钮背景。选择工具箱中的钢笔工具，设置工作模式为"形状"，填充为白色到透明的渐变。在页面上绘制矩形，将图层名称修改为"高光"，在"图层"面板中设置不透明度为65%。

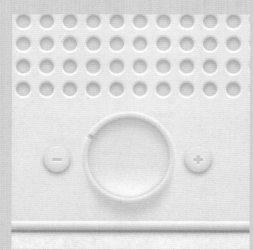

14 使用同样的方法制作出文字效果。

15 使用同样的方法制作其他高光效果。案例最终效果如右图所示。

18.2 实战练习：金属按钮设计

UI 设计是指对软件的人机交互、操作逻辑、界面美观的整体设计。好的 UI 设计不仅是让软件变得有个性、有品位，还要让软件的操作变得舒适、简单、自由，充分体现软件的定位和特点。本节案例就为大家讲解 UI 小零件的设计方法。

在智能手机中按钮图标是经常出现的图标之一，本例的重点是制作金属拉丝效果、立体效果以及利用光影知识制作的发光效果。本案例要学习的是，使用椭圆工具绘制正圆，添加图层样式来体现按钮的金属质感以及金属拉丝效果的具体操作方法。

要点： 本案例的金属按钮图标以圆形为基本图形，上面有凹凸 LOGO 质感。另外，按钮外观采用银白色，给人金属的冰凉感，外部发光采用蓝色，给人深邃的感觉。本例图标具有很强的立体感，给人强有力的视觉冲突。

01 执行"文件>新建"命令，或按Ctrl+N组合键，打开"新建文档"对话框，设置参数，设前景色为深蓝色（R：25，G：31，B：46），按Alt+Delete组合键填充颜色。

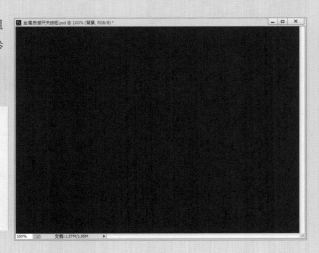

宽度(W):	800	像素	▼
高度(H):	600	像素	▼
分辨率(R):	300	像素/英寸	▼
颜色模式(M):	RGB 颜色 ▼	8 位	▼
背景内容(C):	白色		▼

02 要绘制按钮形状，则选择工具箱中的椭圆工具，在选项栏中设置工作模式为"形状"，填充颜色为深灰色（R：26，G：28，B：35）。按住Shift键在页面上绘制正圆。双击该图层在弹出的"图层样式"对话框中分别选择"内阴影"和"渐变叠加"选项，设置参数，为其添加效果。

03 使用同样的方法继续制作正圆形作为按钮的内部形状。

04 继续使用椭圆工具绘制正圆，将图层命名为"椭圆3"。双击"椭圆3"图层，在弹出的"图层样式"对话框中选择"渐变叠加"选项，设置参数为其添加效果。

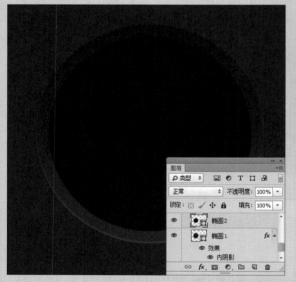
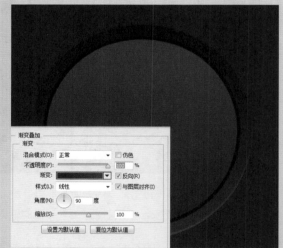

05 使用同样的方法绘制其他正圆形。

06 继续选择椭圆工具，在选项栏中设置工作模式为"形状"，填充颜色为任意色按住Shift键在页面上绘制正圆，在"图层"面板中设置填充为0。双击该图层在弹出的"图层样式"对话框中选择"描边"选项，设置参数，为其添加效果。

07 使用同样的方法制作其他圆形，并为其创建一个组，将纹理图层放到组中，在"图层"面板中，将组的不透明度调整为13%。

08 使用同样的方法制作其他形状选择钢笔工具，设置工作模式为"形状"，填充颜色为深灰色（R：95、G：103、B：121）在页面上绘制形状。双击该图层在弹出的"图层样式"对话框中选择"内阴影"选项，设置参数为其添加效果，为该按钮创建组命名为"左边按钮"。

09 使用同样的方法制作右边按钮，案例最终效果如右图所示。

18.3 实战练习：彩色进度条设计

本章案例讲解了彩条进度条的设计方法。在制作过程中主要使用椭圆工具和圆角矩形工具来制作进度条的形状，再配合文字效果的设计，使图标变得更加具有时尚感。

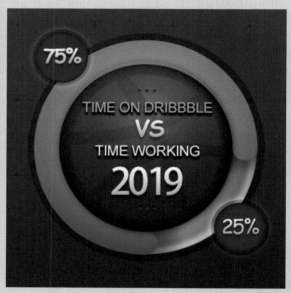

要点： 进度条按钮以圆形为基本形结合圆角截面绘制出来的按钮，效果圆滑、柔软，不似硬边形那样棱角分明。按钮背景颜色绚丽，给人一种空灵富有内涵的感觉，而按钮的颜色鲜艳，给人清新亮丽之感。其整体效果很好，背景颜色绚丽却不是抢眼，按钮颜色鲜艳，却带有活泼的气氛，且整体造型很有质感。

01 执行"文件>打开"命令，在打开的对话框中选择18-2.jpg素材文件并执行打开操作。

02 要绘制形状，则选择工具箱中的椭圆工具，在选项栏中设置工作模式为"形状"，设置颜色为深灰色（R：23、G：22、B：33），在页面上绘制形状。

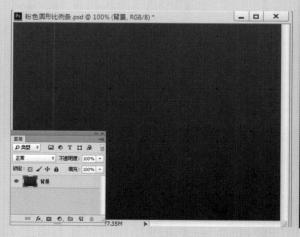

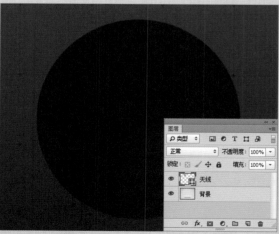

03 双击"椭圆1"图层,在弹出的"图层样式"对话框中分别选择"描边"和"内发光"选项,设置参数,为其添加效果。

04 选择工具箱中的钢笔工具,在选项栏中设置工作模式为"形状",设置颜色为任意色,在页面上绘制形状,将图层名称修改为"半圆"。双击该图层,在弹出的"图层样式"对话框中选择"渐变叠加"选项,设置参数,为其添加效果。执行"图层>创建剪贴蒙版"命令,为其创建剪贴蒙版。

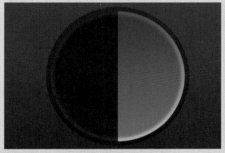

05 要绘制渐变矩形,则新建一个"矩形1"图层,选择工具箱中的矩形选框工具,在页面上绘制矩形选框。选择工具箱中的渐变工具,在选项栏选择线性渐变,单击"点按可编辑渐变"按钮,在弹出的对话框中设置颜色为黑色到透明的渐变,单击"确定"按钮完成,在选框内拖曳为选框填充渐变色,按Ctrl+D组合键取消选区。

06 在"图层"面板中设置"矩形1"图层的混合模式为"柔光",执行"图层>创建剪贴蒙版"命令,为其创建剪贴蒙版。

07 使用同样的方法，制作其他效果，如右图所示。

08 要绘制进度条形状，则选择工具箱中的钢笔工具，在选项栏中设置工作模式为"形状"，设置颜色为任意色，在页面上绘制形状，将图层名称修改为"进度条"。双击该图层，在弹出的"图层样式"对话框中选择"渐变叠加"选项，设置参数，为其添加效果。

09 选择工具箱中的椭圆工具，在选项栏中设置工作模式为"形状"，设置颜色为深灰色（R：23，G：22，B：33），在页面上绘制正圆形状。双击该图层在弹出的"图层样式"对话框中分别选择"斜面和浮雕"和"内发光"选项，设置参数，为其添加效果。

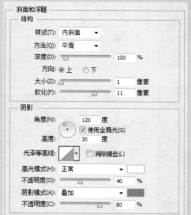
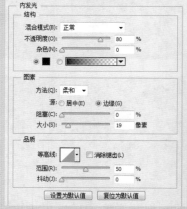

10 继续在"图层样式"对话框中选择"渐变叠加""外发光"和"投影"选项，设置参数，为其添加效果，如下图所示。

11 选择工具箱中的钢笔工具，在选项栏中设置工作模式为"形状"，设置颜色为黑色，在页面上绘制形状，将图层名称修改为"球纹理"，在"图层"面板中，将图层的不透明度调整为13%。

12 新建一个"高光"图层，选择工具箱中的画笔工具，在选项栏中选择一个虚一点的画笔笔触，设置前景色为白色，在页面上绘制高光。单击"图层"面板下方的"添加图层蒙版"按钮，为图层添加图层蒙版，在图层蒙版中使用椭圆选框工具绘制选区，按Ctrl+Shift+I组合键将选区进行反选，为选区填充灰色（R：120、G：120、B：120），按Ctrl+D组合键取消选区。

13 要添加效果，则在"图层"面板中将"高光"图层的混合模式修改为"叠加"，不透明度调整为74%。

14 使用同样的方法，再次制作高光效果。

15 要添加文字，则选择工具箱中的文字工具，在页面上输入文字，在"字符"面板中设置文字的"字体""字号"和"颜色"等参数。

16 要添加文字效果，则双击文字图层，在弹出的"图层样式"对话框中分别选择"斜面和浮雕""渐变叠加"和"投影"选项，设置参数，为其添加效果。

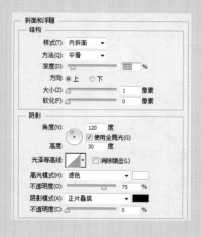

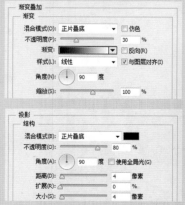

17 使用同样的方法制作其他文字。

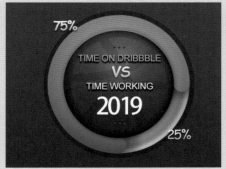

18 要绘制形状，则选择工具箱中的椭圆工具，在选项栏中设置工作模式为"形状"，设置颜色为深灰色（R：53，G：49，B：72），在页面上绘制形状。将该图层调整到"75%"文字图层下方。

19 双击"椭圆3"图层，在弹出的"图层样式"对话框中分别选择"描边""内阴影"和"外发光"选项，设置参数，为其添加效果。

20 使用同样的方法绘制其他形状，案例最终效果如右图所示。

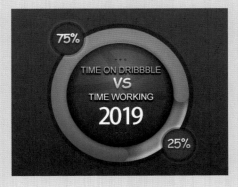

精通 UI 设计时合理运用文字工具

（1）在输入模式下，按下 Ctrl+T 组合键就能够显示"字符"浮动面板，或者是单击选项栏中的"显示 / 隐藏字符段落调板"按钮。

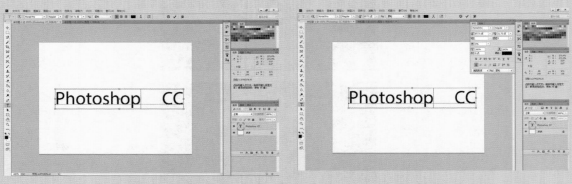

原图　　　　　　　　　　　　　　　　　　　　显示字符/段落面板

（2）要利用标准的文字工具创建一段文字选段，只需要打开"快速蒙板"模式（在快速蒙板模式下编辑），接着输入想要的文字。在提交文字之后，就会自动转为一段选段。

（3）要在使用文字工具时快速对字体进行改变，只需要按下回车键，高亮字族域后使用上下方向键或是鼠标滚轮来对字体进行选择。

（4）双击"图层"面板中的缩略图，能够将当前图层的所有文本高亮处理。这等同于 Ctrl+A 组合键与处在编辑模式时上下文菜单中的"全选"选项。

（5）如果要对当前文字图层中的所有文本的属性做出更改，并不一定需要选择这些文本，只需要在"字符" / "段落"面板中做出需要的修改，文字图层就会自动应用所做的修改应用。

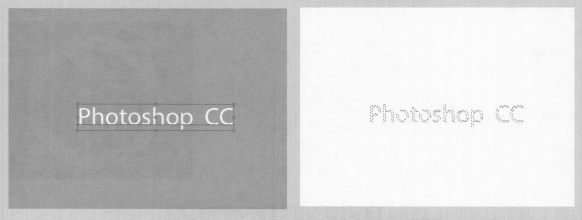

快速蒙版模式　　　　　　　　　　　　　　　　退出快速蒙版模式

（6）可以使用数字键盘上的 Enter 键或主键盘上的 Ctrl+Enter 组合键来提交文本的更改。按下 Esc 键能够取消 / 撤销所做更改。注意：这些应用对应的就是通常使用"选项"浮动面板中的"提交所有当前编辑"按钮来应用文字的改变，以及使用"取消所有当前编辑"按钮来取消所做的改变。

19

第 19 章

整体界面设计

本章主要讲解了智能手机 UI 界面制作的相关知识，其中包含了界面设计的核心、不同操作系统下手机界面的区别以及合理规划手机 UI 界面风格的技巧等。除此之外，在案例的设计中分别从几种不同操作系统的角度对手机界面制作进行介绍，使读者更为直观地了解本章节所介绍的知识。

主要内容

- 苹果手机界面设计
- 清新手机界面设计

知识点播

- 矢量图形的应用
- 图形效果的添加
- 按钮的绘制技巧
- 对话框的绘制技巧

19.1 实战练习: 苹果手机界面设计

本案例我们将学习制作一组 ios 系统的扁平化风格界面，目的是学习制作简洁、易用界面的设计要点。

要点：设计师采用蓝紫色和白色两个主色调，让所有界面风格都保持一致，做到了简洁的特点。界面上扁平化又不失精致的图标，一目了然、简洁明了。

19.1.1 制作界面底板

01 执行"文件>新建"命令，在弹出的"新建"对话框中，新建一个宽度和高度分别为1280×1920像素的空白文档，完成后单击"确定"按钮结束。单击图层面板下方的"添加图层样式"按钮，在弹出的下拉列表中选择"渐变叠加"选项，设置参数，添加渐变叠加。

02 要绘制矩形，则选择工具栏中的矩形工具，在选项栏中选择工具的模式为"形状"，设置填充为蓝色（R:93、G:131、B:152），绘制矩形。选择工具栏中的画笔工具，在选项栏中选择柔角画笔，设置填充为蓝色（R:99、G:137、B:158），绘制光斑。

03 要绘制上标，则选择工具栏中的矩形工具，在选项栏中选择工具的模式为"形状"，设置填充为蓝色（R:116、G:160、B:185），绘制矩形。选择钢笔工具，在选项栏中选择工具的模式为"形状"，设置填充为白色，绘制形状。

04 要添加描边，则单击"图层"面板下方的"添加图层样式"按钮，在弹出的下拉列表中选择"描边"选项，设置参数，添加描边。使用文本工具添加文字并设置文字格式。

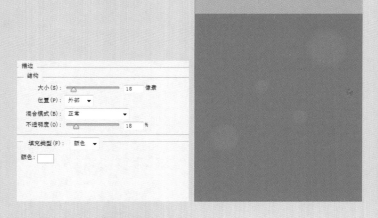

19.1.2 制作上下标志

01 要绘制上标，则选择工具栏中的矩形工具，在选项栏中选择工具的模式为"形状"，设置填充为蓝色（R:107、G:148、B:171），绘制矩形。选择圆角矩形工具，在选项栏中选择工具的模式为"形状"，设置填充为蓝色（R:89、G:128、B:147）、半径为10像素，绘制圆角矩形。

02 选择工具栏中的圆角矩形工具，在选项栏中选择工具的模式为"形状"，设置填充为白色、半径10像素，绘制圆角矩形。单击"图层"面板下方的"添加图层样式"按钮，在弹出的下拉列表中选择"图案叠加"选项，设置参数，添加图案叠加。

03 选择工具栏中的椭圆工具，在选项栏中选择工具的模式为"形状"，设置填充为白色，绘制椭圆。选择工具栏中的钢笔工具，在选项栏中选择工具的模式为"形状"，设置填充为白色，绘制喇叭形状。

04 要绘制下标，则选择工具栏中的矩形工具，在选项栏中选择工具的模式为"形状"，设置填充为蓝色（R:107、G:148、B:171），绘制矩形。选择钢笔工具，在选项栏中选择工具的模式为"形状"，设置填充为白色，绘制形状。

19.1.3 制作钟表界面

01 要绘制椭圆，则选择工具栏中的椭圆工具，在选项栏中选择工具的模式为"形状"，绘制椭圆，设置图层的填充为0。单击"图层"面板下方的"添加图层样式"按钮，在弹出的下拉列表中选择"描边"和"内发光"选项，设置参数，添加描边和内发光效果。

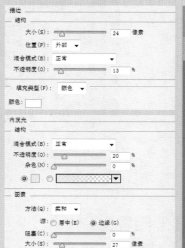 

02 要添加外发光，则绘制白色的正圆，然后单击"图层"面板下方的"添加图层样式"按钮，在弹出的下拉列表中选择"外发光"选项，设置参数，添加外发光，利用相似方法绘制其他效果。

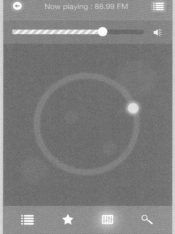

03 选择工具栏中的椭圆工具，在选项栏中选择工具的模式为"形状"，绘制椭圆，设置图层的填充为0。单击"图层"面板下方的"添加图层样式"按钮，在弹出的下拉列表中选择"描边"选项，设置参数，添加描边效果。复制一份圆形并放在合适的位置。

04 要添加文字，则选择工具栏中的横排文字工具，在选项栏中选择设置字体为Fixedsys、字号为170点、颜色为白色在图形中输入符号。设置颜色为浅蓝色（R:165、G:187、B:198）并输入文字。

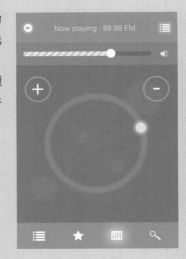

19.1.4 制作柱形图界面

01 执行"文件>打开"命令，弹出"打开"对话框，选择要打开的素材文件，将其打开。

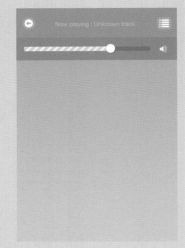

02 选择工具栏中的椭圆工具，在选项栏中选择工具的模式为"形状"，设置填充为蓝色（R:134、G:179、B:204），绘制椭圆形状。单击"图层"面板下方的"添加图层样式"按钮，在弹出的下拉列表中选择"描边"选项，设置参数，添加描边效果。利用相同方法绘制更多效果。

03 要绘制图标，则选择工具栏中的钢笔工具，在选项栏中选择工具的模式为"形状"，设置填充为白色，绘制形状。利用相同方法绘制更多效果。

04 选择工具栏中的矩形工具，在选项栏中选择工具的模式为"形状"，设置填充为白色，绘制矩形。选择工具栏中的横排文字工具按钮，在选项栏中选择设置字体为Helvetica Neue Bold、字号为30点、颜色为白色，然后输入文字。

05 绘制矩形。选择工具栏中的矩形工具，在选项栏中选择工具的模式为"形状"，设置填充为蓝色（R:116、G:160、B:185），绘制矩形。选择工具栏中的钢笔工具，在选项栏中选择工具的模式为"形状"，设置填充为白色，绘制形状。

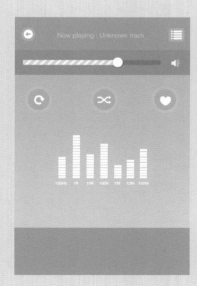

06 利用上述方法绘制按钮图标，选择工具栏中的矩形工具，在选项栏中选择工具的模式为"形状"，设置填充为灰色（R:211、G:215、B:220）、蓝色（R:143、G:191、B:217），绘制矩形，添加文字。

07 利用相似方法绘制更多效果，然后查看最终设计的界面效果，如图所示。

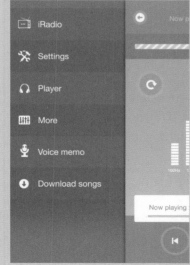

19.2 实战练习: 清新手机界面设计

　　本案例将制作一组清新风格的界面, 这种风格的界面与苹果界面不同之处在于, 它以分格画面为按钮, 将各类功能平铺在主页面之上, 让用户很容易触摸。

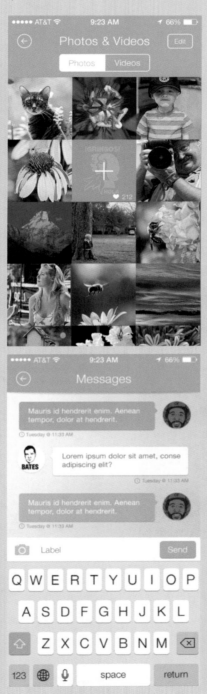

要点: 白色与蓝色搭配, 有一种欢快、舒服、放松的感觉, 本例就体现了这种氛围。

19.2.1　制作音乐界面

01 执行"文件>新建"命令，或按Ctrl+N组合键，打开"新建"对话框，设置宽度和高度分别为640×1136像素、分辨率为72像素/英寸，完成后单击"确定"按钮，新建一个空白文档。

02 设置前景色为黑色，按Alt+Delete组合键为背景填充黑色。

03 在执行"文件>打开"命令，在弹出的打开对话框中选择需要的素材文件19-5.jpg，单击"打开"按钮，将其放在页面合适的位置，设置图层的不透明度为33%。继续打开另一个素材文件并放在合适的位置，设置图层的图层样式为柔光。

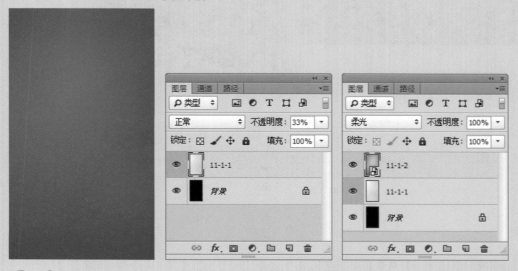

04 设置前景色为白色，选择矩形工具，在选项栏中设置模式为"形状"，绘制矩形，设置图层的不透明度为80%。选择矩形工具，设置前景色为R:101、G:112、B:122，绘制矩形进度条。将进度条图层复制一层，设置前景色为R:81、G:196、B:212，按下Alt+Delete组合键，填充颜色，按下Ctrl+T组合键缩放到一半长度，按Enter键结束。设置前景色为白色，选择椭圆工具绘制正圆，制作滑块效果。双击椭圆图层，打开"图层样式"对话框，选择"外发光"选项，设置不透明度为10%、颜色为黑色、大小为2像素。选择"投影"选项，混合模式为"线性加深"，不透明度为15%，距离为2像素，大小为1像素。选择横排文字工具，设置合适字体、字号，在画面中输入文字。

05 设置前景色为R:81、G:196、B:212，选择椭圆工具，在选项栏中设置模式为"形状"，按Shift键绘制正圆。按Ctrl+C组合键，再按Ctrl+V组合键复制正圆，按Ctrl+T组合键自由变换，按Shift+Alt组合键同时向圆心等比例缩放，按Enter键结束。在选项栏中设置模式为"减去顶层形状"。选择多边形工具，在状态栏中设置边为3，模式为"合并形状"，在画面中绘制三角形，按Ctrl+T组合键自由变换大小、位置，按Enter键结束。选择路径选择工具，按Shift键同时选中按钮的所有路径，按Ctrl+T组合键自由变换播放按钮的大小、位置按下Enter键结束。

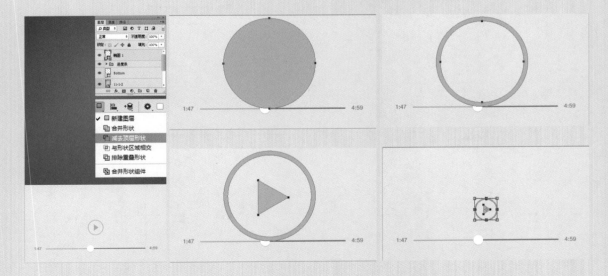

06 用相似的方法配合矩形工具和钢笔工具制作更多按钮形状。

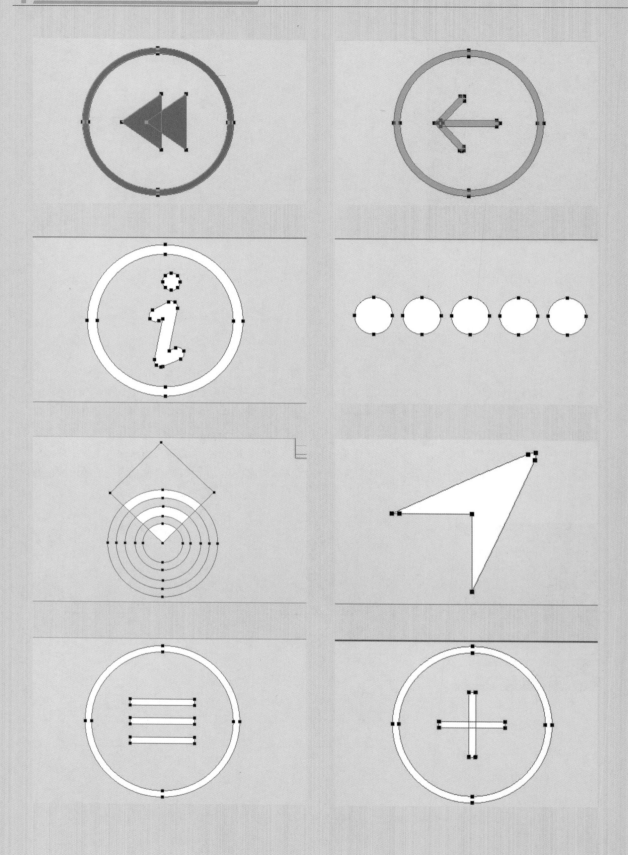

07 在工具栏中选择矩形工具，设置前景色为白色，在选项栏中设置模式为"形状"，在画面中绘制矩形。选择横排文字工具，在选项栏中设置字体为HelveticaNeue、字号为28点、前景色为R:75、G:193、B:210，在画面中输入文字。

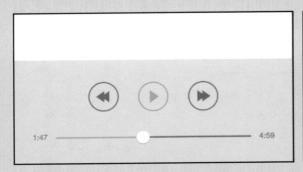

08 新建图层，在工具栏中选择钢笔工具，在选项栏中设置模式为"路径"，在画面中绘制曲线，可结合Alt键改变路径节点。选择画笔工具，设置前景色为白色，在选项栏中设置画笔大小为4像素、硬度为100%，在"图层"面板中单击"路径"按钮，右键单击路径图层，选择"描边路径"命令。在描边路径对话框中设置工具为"画笔"，取消勾选"模拟压力"复选框，单击"确定"按钮结束。

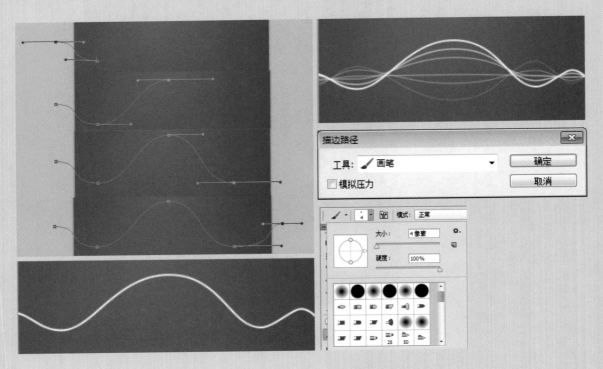

09 在工具栏中选择矩形工具，设置前景色为R:75、G:193、B:210，在选项栏中设置模式为"形状"，在画面中绘制矩形。双击图层添加图层样式，选择"投影"选项，设置不透明度为60%、角度为90°、距离为2像素、大小为5像素，单击"确定"按钮结束。选择横排文字工具，在选项栏中设置字体为HelveticaNeue、字号分别为40点、28点、25点，前景色为白色，在画面中输入文字。

10 绘制电池图标。在工具栏中选择圆角矩形工具，在选项栏中设置模式为"形状"、填充无、描边为白色、大小为1像素、半径为2像素，在画面中绘制圆角矩形。在选项栏中设置填充为白色、描边无，在上一圆角矩形内绘制圆角矩形。在工具栏中选择椭圆工具，在选项栏中设置模式为"合并形状"，在画面中绘制正圆。在工具栏中选择直接选择工具删除圆形左边锚点。

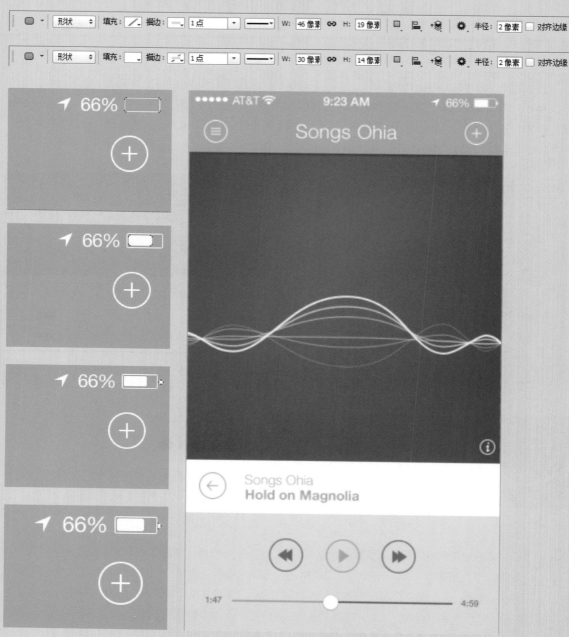

19.2.2 制作对话框

01 执行"文件>打开"命令，或按Ctrl+0组合键，打开"打开"对话框，选择所需素材19-6.jpg，单击"打开"按钮。

02 要绘制对话框，则在工具栏中选择圆角矩形工具，在选项栏中设置模式为"形状"，填充为R:81、G:196、B:212，半径为6像素，在画面中绘制矩形。选择多边形工具，在选项栏中设置模式选项为"合并形状"，边为3，在画面中绘制三角形。在工具栏中选择横排文字工具，在状态中设置字体为HelveticaNeue、字号为24点、颜色为白色，在画面中单击输入文字。

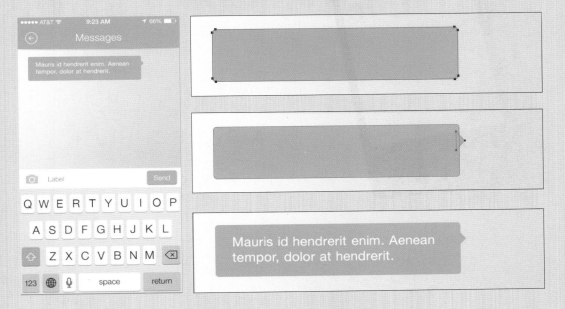

03 在工具栏中选择椭圆工具，在选项栏中设置模式为"形状"，按Shift键同时在画面中绘制椭圆。双击椭圆图层，在打开的对框中选择"投影"选项，设置混合模式为"正常"、不透明度为12%、角度为90°、距离为1像素、大小为2像素，单击"确认"按钮结束。执行"文件>打开"命令，在"打开"对话框中选择19-7.gif、19-8.gif素材打开，将其拖曳至场景文件中，按下Ctrl+T组合键自由变化合适的大小、位置。按下Alt键在素材图层和椭圆图层中间单击，令素材图层只作用于椭圆图层。

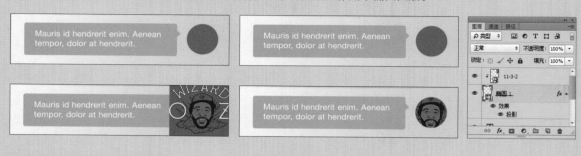

04 利用本案例方法制作更多的效果后，查看最终的效果，如下图所示。

19.2.3 制作图库界面

01 执行"文件>打开"命令,打开"打开"对话框,选择所需的素材19-9.jpg,单击"打开"按钮。

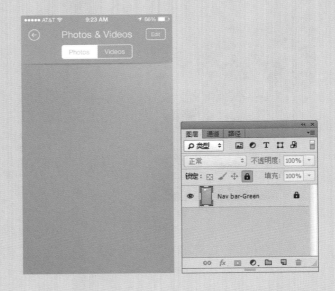

02 在工具栏中选择矩形工具,在选项栏中设置模式为"形状",按Shift键同时在画面中绘制矩形。按Shift+Alt组合键,将矩形复制并平移两次。选中所有矩形图层,按下Ctrl+T组合键,自由变化到适应画面的大小。给中间的矩形填充颜色,将三个矩形区分开。

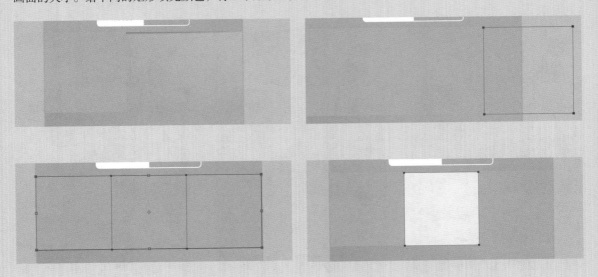

03 执行"文件>打开"命令,在"打开"对话框中选择所需素材,将其拖曳至场景文件中。按下Ctrl+T组合键,自由变化素材大小、位置,按下Enter键结束。将添加的素材图层移动到矩形1图层上,按住Alt键在两个图层间单击,使素材图层只作用于矩形1图层。

04 新建图层,在工具栏中选择矩形工具,在选项栏中设置模式为"形状",填充为R81,G196,B212,在画面中绘制矩形,设置图层的不透明度为90%。新建图层,重新设置填充为白色,在画面中绘制横向矩形。设置选项栏中的模式选项为"合并形状",在画面中绘制纵向矩形。

05 在工具栏中选择钢笔工具,在选项栏中设置模式为"形状",填充为白色,在画面中绘制心形。选择横排文字工具,在选项栏中设置字体为HelveticaNeue、字号为22号、颜色为白色、在画面中输入文字。

06 本例制作完成，最终效果如下图所示。

本书以实用为宗旨，以实例为铺垫，引导读者深入浅出地学习和掌握用Photoshop CC中文版处理图片的各项技术及实战技能。

本书共19章，全面详细地介绍Photoshop CC中文版在各个行业的应用知识，剖析了软件的功能和平面设计的制作流程，特别是对Photoshop的图像处理技法、绘画技法、插画技法、特效技法、图像合成技法等重点和难点功能均进行了透彻解析。本书实例丰富，版式新颖，采用彩色印刷，随书资源提供了全书的实例素材和重点实例教学视频文件。

本书可以作为大中专院校及设计类培训机构有关Photoshop方向的培训教程，也可以作为Photoshop爱好者和从事Photoshop广告设计、平面创意、插画设计、网页设计人员的学习和参考用书。

图书在版编目（CIP）数据

Photoshop CC中文版从入门到精通 / 黄有望编著. —3版. —北京：机械工业出版社，2019.10
ISBN 978-7-111-63950-3

Ⅰ. ①P⋯　Ⅱ. ①黄⋯　Ⅲ. ①图象处理软件　Ⅳ. ①TP391.413

中国版本图书馆CIP数据核字（2019）第230279号

机械工业出版社（北京市百万庄大街22号　邮政编码：100037）
策划编辑：丁　伦　责任编辑：丁　伦
责任校对：张　晶　责任印制：张　博
北京东方宝隆印刷有限公司印刷
2020年1月第3版第1次印刷
185mm × 260mm·17.75印张·451千字
0001—3000册
标准书号：ISBN 978-7-111-63950-3
定价：109.00元

电话服务　　　　　　　　　网络服务
服务电话：010-88361066　　机　工　官　网：www.cmpbook.com
　　　　　010-88379833　　机　工　官　博：weibo.com/cmp1952
　　　　　010-68326294　　金　书　网：www.golden-book.com
封底无防伪标均为盗版　机工教育服务网：www.cmpedu.com